U0182366

变分正则图像超分辨率重建

詹 毅 李 梦 著

重庆工商大学学术专著出版基金资助

科 学 出 版 社

北 京

内 容 简 介

采用信号处理技术从单帧低分辨率图像中重建出高分辨率图像，是提高数字图像空间分辨率既经济又有效的方法。消除重建图像中的锯齿现象、抑制边缘模糊及其他人工虚像、研究非迭代的快速插值方法等是单帧图像超分辨率重建领域中的重要问题。

本书介绍了图像超分辨率重建的局部正则化、非局部正则化方法及非迭代快速重建方法，共分为6章。第1章介绍图像超分辨率重建的背景及意义、发展历史与国内外研究现状、图像超分辨率方法的评价指标，第2章介绍图像超分辨率重建正则化基本方法，第3章介绍局部正则超分辨率重建方法，第4章介绍非局部正则超分辨率重建方法，第5章介绍基于变分方法的非迭代快速方法，第6章为总结与展望。

本书可作为应用数学、图像处理、计算机视觉等领域的高年级本科生和研究生教材，也可作为相关领域的教师、工程师和技术人员等的参考书。

图书在版编目(CIP)数据

变分正则图像超分辨率重建/詹毅，李梦著. —北京：科学出版社，2022.7

ISBN 978-7-03-069376-1

Ⅰ. ①变… Ⅱ. ①詹… ②李… Ⅲ. ①图像重建-研究 Ⅳ. ①TN919.8

中国版本图书馆 CIP 数据核字（2021）第 142283 号

责任编辑：吴超莉 宋 芳 / 责任校对：马英菊
责任印制：吕春珉 / 封面设计：东方人华平面设计部

科学出版社 出版
北京东黄城根北街16号
邮政编码：100717
http://www.sciencep.com
三河市骏杰印刷有限公司印刷
科学出版社发行 各地新华书店经销
*
2022年7月第 一 版 开本：B5（720×1000）
2022年7月第一次印刷 印张：10
字数：202 000

定价：88.00 元

（如有印装质量问题，我社负责调换〈骏杰〉）

销售部电话 010-62136230 编辑部电话 010-62139281

前　言

图像超分辨率重建是图像处理的关键步骤，也是一种基本的计算机视觉技术。图像超分辨率重建广泛应用于医学、遥感监测、军事侦察、交通及安全监控、医学诊断处理、模式识别等领域。为适应特殊的应用场合或者得到一个较好的视觉效果，如突出某些细节，常常需要一种可以有效改变已有图像分辨率的方法，并保证图像放大或缩小后仍有较高的质量。

本书从研究图像性质出发，探索偏微分方程与图像之间的内在联系，通过偏微分方程建立图像低层特征与高层语义之间的内在联系，研究基于能量扩散、邻域滤波、非局部特征的偏微分方程模型，在图像超分辨率重建过程中，探索减小重建图像边缘宽度、消除边缘锯齿现象的方法。

本书研究内容可以使人们对图像有更加深刻的认识与理解，可使研究者从数学角度分析图像性质，刻画图像特征，找到图像超分辨率重建问题的解决方案。例如，对不同方向的能量扩散强度的控制、各向同性与各向异性扩散的利用与有效结合、图像非局部特征的刻画、非迭代快速方法研究等。

本书的研究成果具有很强的实用性：在军事上有助于提高对军事目标的识别能力和预警能力；对 CT 或 X 光照片进行图像高分辨率重建，能够发现小的病变点（如早期的肿瘤等），进而提高诊断水平；对运动目标进行高分辨率重建，能提高相应的识别能力；在航天航空领域，可以精确获得地球的地表图形。另外，在数字图像处理、计算机视觉、通信等领域也有重要的应用。例如，高性能成像数字产品中视频信号的压缩与解压、视频格式转换等进行超分辨率重建也是非常必要的。

本书探讨基于偏微分方程的单帧图像超分辨率重建，以局部正则方法和非局部正则方法研究消除重建图像的锯齿现象、抑制重建图像的边缘模糊，以及非迭代的快速超分辨率重建方法。

局部正则方法介绍等强度线连续及双方向扩散方法。在等强度线连续方法中，首先讨论能保持图像轮廓光滑的三种约束条件之间的关系，指出局部恒定梯度角约束与总变差（total variation，TV）正则化因子约束及等强度线方向的像素灰度平均约束是等价的，提出对需重建的像素的梯度角进行约束以保持图像等强度线的连续。通过保持等强度线连续获得了一个更强的梯度角约束条件，导出一个三阶偏微分方程，它可使重建图像保持等强度线的连续性。同时，由于该三阶偏微分方程不具有扩散性，因此不会增加重建图像的边缘宽度。

双方向扩散方法介绍包括前后向扩散方法、变指数变分正则、Sobolev 梯度双方向流正则方法。前后向扩散方法设计的增强项通过 Laplace 算子控制图像能量的扩散方向和强度。它在图像边缘斜坡较亮一侧进行前向扩散，而在边缘斜坡较暗一侧进行后向扩散；同时能根据图像边缘的特征自适应地调整前后向扩散强度。

变指数变分正则方法通过对变指数变分模型扩散特性的研究，引入一个满足扩散特性的指数函数。该指数函数中的两个参数实现两方面的功能：一个参数控制扩散强度，从而减小图像边缘宽度；另一个参数控制平滑强度，从而保持细小的纹理。它一方面使图像能量沿着图像轮廓方向扩散，消除锯齿现象；另一方面在图像平坦区域进行各向同性扩散，消除分块现象。

Sobolev 梯度双方向流正则方法基于 H^1 内积导出 Sobolev 梯度流，克服了 L^2 梯度流求解过程中需要附加额外光滑条件的缺点。

非局部正则方法研究了非局部 p-Laplace 正则方法、非局部特征方向正则方法及局部与非局部正则方法。非局部 p-Laplace 正则方法克服了经典的热扩散正则以图像梯度方向作为图像能量扩散的方向的局限性。非局部 p-Laplace 正则方法使图像能量扩散沿着图像特征方向而不是梯度方向进行，即在跨越图像特征的方向上施行最小的平滑以增强图像特征，而在沿着图像特征方向上施行最大的平滑以获得光滑的图像轮廓。

非局部特征方向正则方法把非局部 Hessian 矩阵的特征向量视为图像特征方向，使图像能量泛函沿该方向进行扩散，其扩散强度由图像局部 Hessian 矩阵特征值参与控制。非局部特征方向正则方法使图像能量泛函沿正确方向扩散，避免了图像特征的模糊。

局部与非局部正则方法，首先分析了局部正则方法和非局部正则方法在图像处理中各自的优缺点，然后构造了一个包含梯度信息的非局部有界变差（bounded variation，BV）正则项。该正则项具有经典的 Perona-Malik 方程的性能，因此它既有各向异性扩散的性质，又具有非局部泛函的优点。考虑到 TV 正则在能量扩散中能够有效抑制锯齿现象，以 TV 正则和 BV 正则的线性组合作为图像重建的正则项，导出了一个结合两者优点的重建方法。

在非迭代的快速超分辨率重建方法方面研究了非迭代等强度线重构方法、非局部自适应邻域滤波方法。非迭代等强度线重构方法通过寻求一个偏微分方程的显式解，导出一个非迭代的图像重建函数。它可使待重建像素的曲率最小，从而保持了等强度线的局部连续性，进而使重建图像具有光滑的轮廓。非局部自适应邻域滤波方法设计了一个与灰度距离相关的权函数，该权函数在待重建的像素邻域内自适应地选择泰勒（Taylor）展开方向。其基本思想是，靠近边缘中心一侧的待重建像素用这一侧的已知像素的 Taylor 展开式近似，能减小插值图像边缘的宽度，增加边缘斜坡坡度，从而获得清晰的插值图像边缘。

由于作者水平有限，加之时间仓促，书中难免存在不妥和疏漏之处，望读者多加批评和指正。

目 录

第 1 章　绪　　论

1.1　图像超分辨率重建的背景及意义

数字图像在现实生活中应用广泛。为了产生一幅数字图像，需要把连续的感知数据转换为数字形式，这包括两步处理：采样和量化。采样值是决定一幅数字图像空间分辨率的主要参数。图像空间分辨率可由图像中像素所代表的实际场景面积来表示。一般来说，采样间隔越大，所得图像像素数越少，图像空间分辨率越低，图像像素所代表的实际场景面积越大，图像提供的细节信息就越少，严重时会出现块状的棋盘格效应；采样间隔越小，所得图像像素越多，图像空间分辨率越高，图像像素所代表的实际场景面积越小，图像中能反映细节的尺度越小，图像细节就越精细，越能提供丰富的信息。由此可见，图像分辨率是图像质量的一个重要指标。在遥感监测、军事侦察、交通及安全监控、医学诊断处理、模式识别等应用中，高分辨率图像也是必不可少的；高分辨率图像同时也能带来良好的视觉感受，这也使得在现实生活中人们更喜欢获得、使用高分辨率图像。因此，高分辨率图像重建有着重要的应用前景。

在军事上，对所获得的低分辨率图像进行高分辨率重建，可以提高对军事目标的识别能力和预警能力。例如，要精确地显示兵工厂、飞机起落跑道等细节，对航空侦察照片进行高分辨率重建是必需的。

在医疗上，对 CT 或 X 光照片进行高分辨率重建，能够发现小的病变点，如早期的肿瘤等，进而提高诊断水平，让患者尽早得到治疗。

在公安交通方面，根据摄像头拍摄到的视频对其中的运动目标进行高分辨率重建，如对拍摄到的车牌号进行高分辨重建，可以提高相应的识别能力。

在航天航空领域，如地图制作者需要放大卫星图像中的小区域，从而获得地球的精确地表图形。

在多媒体电子领域，图像高分辨率重建的应用更为广泛。例如，视频格式的转换，将隔行的视频信号转换为逐行的视频信号，对视频中的某个画面进行高分辨率重建，对低分辨率视频压缩码流进行高分辨率重建，如 MPEG（moving picture experts group，动态图像专家组）码流；由于网络带宽的限制，通过网络获得的图像需要放大才能获得令人满意的显示或打印效果；把 PAL（phase alteration line，逐行倒相制）或 NTSC（National Television Standards Committee，美国国家电视标准委员会）分辨率视频转换成 HDTV（high definition television，高清电视）分辨率视频等。另外，图像高分辨率重建在数字图像处理、计算机视觉、通信等领域都有着广泛的应用。

随着手机摄像、网络视频、无人机摄像等新兴技术的出现，当今的研究热点是生产具有高级成像性能的数字产品（如数码镜头、5G 移动手机）。从 20 世纪 70 年代起，CCD（charge coupled device）和 CMOS（complementary metal oxide semiconductor）图像传感器已经被广泛用于捕获数字图像。虽然这些传感器适合大多数成像应用，但是当前的分辨率水平和消费价格并不能满足将来的需求。因此，有必要寻找一种经济可行的方法以提高当前的分辨率水平。

可以从硬件与软件两个方面来考虑增加空间分辨率，其中最直接的硬件解决办法是通过传感器的生产技术来减小像素的尺寸（增加每个单位面积上的像素数量），但是它会产生严重降低图像质量的散粒噪声。提高空间分辨率的另一种硬件解决方法是增加芯片尺寸，它会导致电容的增加，而大电容很难提升电荷传输率，必然降低传感器的性能。高精密光学仪器和图像传感器的高成本在很多涉及高分辨率成像的商业应用中也是一个重要的考虑因素。改变成像系统探测元排列方式也能够增加图像分辨率。但总的来说，通过改变探测元排列提高的分辨率非常有限，而且能够提高分辨率的探测元排列也是有限的。对于一般的图像应用，根据需要随时调整探测元排列方式也不一定可行。另外，硬件技术不能完全解决某些领域的空间分辨率增加的问题。例如，在网络迅速发展的今天，人们常常从网上下载数字图像，然后把它们整合到各种多媒体中。虽然现代打印机、显示器都支持较高分辨率，但是由于网络带宽的限制，从网络上获得的图像很少能达到较高的分辨率。要增加这些图像的分辨率，仅依靠硬件是行不通的。

一个既经济又有效的方法，就是采用信号处理技术从单帧或多帧低分辨率图像中重建出高分辨率图像，这就是目前图像处理领域应用非常广泛的高分辨率重建技术，其主要优点是成本低廉且现有成像系统仍可利用。众所周知，成像系统相当于一个低通滤波器，具有一定的截止频率。图像的高分辨率重建就是希望尽可能地在一定程度上挽回图像的分辨率损失，以弥补其“先天不足”，即在保证通频带内图像低频信息复原的基础上，对截止频率以上的高频信息进行复原。这样，重建图像会获得更多的细节和信息，更加接近理想图像。无论成本还是硬件物理条件是否有限，高分辨率重建都是一种重要的、成本较低的改善图像质量的方法。因此，该技术在医学成像、卫星成像、视频监视、视频增强与复原等诸多领域得到广泛应用。

根据应用场合的不同，图像高分辨率重建分为以下两种。

1）单幅图像的高分辨率重建。观察到的低分辨率图像只有一幅，根据这一幅图像来进行高分辨率重建。

2）静态/动态图像序列高分辨率重建，也称超分辨率重建。参与图像超分辨率重建的是图像序列而非一幅图像，这些图像序列或者由单个图像传感器对静态图像进行多次获取，或者由多个传感器阵列同时对静态图像进行获取。

本书将重点研究单幅图像的超分辨率重建，也称为图像插值（image interpolation）、图像放大（image magnification，image zooming）、图像上采样（image up-sampling）等。

1.2 图像超分辨率重建的发展历史与国内外研究现状

数字图像处理涉及社会生活中的很多领域，超分辨率重建技术作为其中的基本内容，广泛应用于医学、军事及工业等领域。例如，在医学、遥感、航天系统等的一些图像处理软件中，为适应特殊的应用场合或者得到一个较好的视觉效果，如要突出某些细节，常常需要一种可以有效改变已有图像分辨率的方法，并保证图像放大或缩小后仍有较高的质量。

图像超分辨率重建就是由原始具有较低分辨率的图像数据再生出具有更高分辨率的图像数据。图像超分辨率重建的直接结果是原来由较少像素所刻画的图像（粗糙图像）变为由较多像素所刻画的图像（精细图像）。图像超分辨率重建是图像处理中图像重采样过程的重要组成部分，而重采样过程广泛用于改善图像质量、进行有损压缩等。

图像超分辨率重建有两种典型的方法：几何变换及离散数字图像的连续表示。几何变换方法的主要原理是将目标图像上的点(x, y)映射成源图像上的点(u, v)，然后将(x, y)处的灰度值取作(u, v)处的灰度值，当(u, v)不是格点时，图像在(u, v)处的灰度值可用(u, v)邻近若干格点处的灰度值表示。离散数字图像的连续表示方法则对原始的（离散表示的）数字图像用连续函数进行刻画，然后根据图像超分辨率重建的倍数对该连续表示的图像进行重新采样，最后得到新的离散表示的数字图像。

早期用于图像超分辨率重建的几何变换方法包括最近邻域法、双线性内插法、三次内插法及卷积方法等。线性插值方法在20世纪90年代获得了广泛的研究，其中比较有影响的是双三次缩放及其变形、二次缩放、基于B-样条的缩放、由香农定理导出的零阶保持（zero-order hold）方法，以及它的近似方法。离散数字图像的连续表示方法是把一个强度曲面看作一个二维采样函数，并尽可能地拟合该函数以进一步重新采样，泛函通常选用各种次数的多项式函数。对二维图像来说，主要的多项式函数是双线性函数和双三次函数。当然，也可以选用更复杂的插值函数及图像数据的非精确拟合，但其基本思想是一致的，即寻找最拟合的函数。这些方法往往运用各种有限尺寸的插值核（多项式函数）近似空间无限的理想的插值核（sinc 函数）。这类技术具有生成速度快的优点。把超分辨率重建问题看作函数拟合或滤波的方法是不完善的，在插值图像中会引入虚的高频分量，从而在重建图像中引入人工虚像，如混淆失真（aliasing distortions）、明显的锯齿和模糊等。

多项式插值和样条插值技术也是图像超分辨率重建领域中广泛应用的方法。从图像采样时所依赖的模型看，这些技术实质上是对图像建立了连续数学模型，然后按照重建系数重采样新的格点，得到目标数字图像。1990 年，Durand 等[1]提出将数字图像网格点（grid point）上的颜色值插值成 B-样条，再根据插值放大要求重采样新的网格点，构建新的数字图像输出；1991 年，Unser 等[2]运用 B-样条变换将数字图像的离散信息连续化表示，并证明与线性算子相关的直接或间接样条变换都是平移不变的，且等效于线性滤波。这些超分辨率重建方法有很多优越性，用于图像超分辨率重建也取得了较好的效果。Maeland[3]将数字图像的像素值插值成三次样条或是其他样条，再根据重建要求进行重采样，构建新的数字图像；胡敏等[4]以二元向量有理插值为基础实现图像缩放。另外，杨朝霞等[5]对不同阶数的 B-样条进行统一而简单的编码，通过设定不同的误差，利用 B-样条的尺度方程实现插值；孙庆杰等[6]提出了基于 Bézier 插值曲面的图像超分辨率重建方法。

为了加强锐度、突出边界，人们提出了很多针对性方法，比较有代表性的有两类：非物体边界导向的图像模型和基于物体边界的图像模型。第一类方法多数是对多项式图像模型的改进，能达到突出边界的目的。Ramponi[7]引入可变距离的概念，动态地调整双三次插值，解决了图像曲线边界的锯齿现象；Chulhee 等[8]将 B-样条技术应用于图像超分辨率重建；EI-Khamy 等[9]基于三次插值方法，使得重建误差在均方误差意义下最小。第二类方法则根据初始图像中物体边界信息进行超分辨率重建。Allebach 等[10]以边界为导向，利用迭代逐步修正边界锯齿现象；Jensen 等[11]针对低分辨率图像中的每个格点建立 3×3 的邻域，并将其映射到最佳连续空间，进行重采样，得到目标图像；Li 等[12]利用局部邻域的统计和边界信息对图像进行重建；Hwang 等[13]根据局部梯度信息对双线性和双三次插值进行改进；Muresan 等[14]基于最佳还原理论，自适应地进行图像超分辨率重建。虽然第二类方法能得到清晰的边界，但它们多数会要求对边界给出阈值，对于不同的边界阈值有不同的效果。以上方法大多先给出离散数字图像的连续模型，然后重采样得到结果。考虑到图像重建前后离散性的特点，罗立彦等[15]提出一种利用曲线曲面的细分插值技术直接进行图像超分辨率重建的方法。

将离散数字图像重建成相应的连续数学模型，其优点是能够快速生成目标图像。然而，这些方法都是基于简单的多项式模型，均表现为低通滤波器，在不同程度上抑制了高频成分，当重建倍数较高时，会造成边缘层次模糊和虚假的人工痕迹（锯齿状条纹和方块效应等）。其原因是图像受光照自然背景的影响及图像自身纹理的特点，相邻像素之间一般不是线性关系。由于人们的视觉感知特性也是非线性的，因此用非线性函数中的有理函数建立数学模型可能会得到更理想的效果。

有理函数逼近是典型的非线性逼近方法之一，能够克服多项式逼近存在的对大扰度函数、指数函数逼近效果不理想的弊端。胡敏和张佑生[16]采用多项式和有理函数的一种连分式的混合形式——Newton-Thiele 插值进行图像的超分辨率重建，取得了较好的效果。但是，用连分式插值时是整块进行的，可能出现奇异点且计算复杂。因此，王强等[17]采用双三次有理样条模型，将由原始图像给出的离散数据用二元连续函数表示，然后按缩放要求进行重采样来得到目标图像。以上这些传统的超分辨率重建方法均可看作将离散数字图像假设成一个连续数学模型，其优点是速度快，视觉效果良好；不足之处是放大图像边界过于光滑。这些方法都是用一些已知的光滑函数根据一定的光滑性要求逼近源图像。通常这些线性超分辨率重建方法可以平滑图像的不连续区域（对应于图像的边缘区域），从而产生模糊的重建图像；而三次样条插值方法趋向于过度锐化图像的不连续区域，易于在图像边缘处形成振铃现象。另外，由于这种固定方式的局限性，势必会在图像重建倍数较高时形成斑点及在明暗区域出现偏移现象，而且重建倍数越大，这种现象越明显。Wang[18]从图像等强度线（isophotes）的角度分析了产生这种现象的原因。

非线性插值方法的出现是为了减小线性方法所产生的人工虚像。非线性方法的要点是用某种模板拟合图像边缘或者运用统计方法根据低分辨率图像边缘预测高分辨率图像的边缘信息。例如，神经网络方法以较高的时间成本（因为它用了一个特殊的训练集）获得了较高质量的超分辨率图像。为了避免显式边缘检测，Zahir[19]运用统计方法沿边缘方向自适应地进行图像超分辨率重建。基于小波域的超分辨率重建方法则主要运用最大模原理或隐马尔可夫树模型。这些方法可以预测高频分量，但是在兼顾图像边缘光滑方面存在一定的困难。基于分形技术的方法还没有获得有效的结果。这些边缘方向方法通常产生更清晰的图像，但是在精细的图像纹理区域往往产生振荡的图像边缘，引起视觉效果的严重退化。

这些线性与非线性方法的不足直接引起了自适应方法的研究，其目的就是在插值图像中保持强边缘的清晰度。这一类方法通常称为边缘方向超分辨率重建。另一类非线性方法是通过定义一个局部距离来度量采样点间的局部相关性，从而进行图像超分辨率重建。这种局部距离无须显式地确定图像边缘，它确定了超分辨率重建过程中一个采样点的局部权系数。与线性、样条插值相比，自适应的方法可以产生清晰的图像边缘，增强了重建图像的视觉效果。

1997 年，Darwish 等[20]利用自适应的重采样方法对图像进行超分辨率处理，当放大因子较大时，该方法的超分辨率重建效果更好。Battiato 等[21]提出了局部自适应的数字图像超分辨率重建方法，该方法实际上是梯度控制的加权插值方法。Thurnhofer 和 Mitra[22]给出一种增强边界的自适应图像超分辨率重建方法。2000 年，Li 和 Orchard[23]提出了一个一步解的方向自适应图像超分辨率重建方法。Jensen 和 Anastassion[11]通过估计图像局部区域中边缘的位置和方向，运用截断的傅里叶级数模拟穿过图像边缘的小区域，然后运用一个非线性算子重构图像的高频分量。相比传统方法，有理滤波器（rational filter）也能产生较好的效果[24]。这种方法的缺点在于运用的掩模较小（通常是 3×3 的模板），不能很好地抽取图像边缘。Schultz 和 Stevenson[25]采用贝叶斯方法来保持图像边缘和其他不连续性，这种方法的一个有趣性质是阈值参数在平滑区域与非平滑区域起着不同的作用。然而，根据上述方法得到的能量函数由梯度下降流导出的偏微分方程（partial differential equations，PDE）是不稳定的，因此能量泛函的最小化相当困难。边缘方向超分辨率重建方法拟合图像的平滑亚像素边缘，以此来防止跨边缘的图像重建。这种方法通过拟合图像边缘轮廓使图像边缘在梯度方向更加陡峭而产生清晰的图像边缘，而在梯度正交的方向上产生光滑的图像边缘而避免锯齿边缘。局部自适应超分辨率重建方法考虑增强局部的不连续性实现加权插值。这个自适应过程无须预先进行梯度计算，因为相关信息已经在重建的过程中获得，而且方法简单，易于实现。Saito 等[26]提出了一个骨架纹理分解的自适应图像超分辨率重建方法，但是这种方法会产生一个比较模糊的重建图像。

Ratakondo 和 Ahuja[27]运用投影到凸集的方法（projection onto convex set，POCS）迭代求解图像超分辨率问题。Allebach 和 Wong[28]提出一个图像边缘方向超分辨率的迭代方法，图像边缘被显式地检测出来。在检测图像亚像素边缘的基础上，Biancardi 等[29]提出了一个防止跨边缘方向模糊的超分辨率重建方法，虽然这种方法会产生陡峭的图像边缘，但是边缘检测是一个比较困难的问题。Albiol 等[30]提出基于数学形态学的超分辨率方法，该方法首先确定边界，然后分别对平坦区域和边界区域进行不同的处理：对于像素变化缓慢的平坦区域采用线性方法，而在边界处进行特殊处理。1998 年，Lee 等[31]给出了高阶样条插值方法，利用斜投影算子构造简单快速的图像重建方法。2000 年，Leu[32]利用边界分割技术（step edge model）对图像进行超分辨率重建，得到了比最近邻域法和双线性插值更有效的超分辨率重建效果。Panda 和 Chatterji[33]提出将广义 B-样条插值用于图像超分辨率重建。Cha 和 Kim[34]构造图像边界作为图像超分辨率重建的一个后处理过程，能够去除虚假边缘并构成真实边界。Leu[35]将斜坡边界模型（ramp edge model）进行插值，同时保持源图像中的连续性与清晰度。然而，这类方法的缺点在于它依赖于良好的边缘估计或者边缘相关性估计，而且其实现对边缘方向非常敏感。尽管自适应方法增强了图像边缘，但长边缘的清晰性并未得到解决，这些长边缘通常呈波浪形，在图像边界处出现斑点等。另外，这类方法没有统一而坚实的理论，每种方法都不同于其他方法。

为了解决自适应方法带来的问题，涌现了各种方法。例如，基于多分辨率金字塔方法、边缘方向超分辨率重建方法等，但这些方法的重建倍数只局限于 2 的整数次幂倍。对多分辨率金字塔方法来说，拉普拉斯金字塔和小波都是基于上层与下层图像的重建方法；而边缘方向超分辨率重建方法则是基于图像边缘的连续性的。Hong[36]使用最邻近和一维双线性插值方法，根据边缘方向自适应地进行预滤波和后处理滤波，虽然没有 2 的整数次幂倍的限制，但是这种自适应方法的性能并没有得到论证。Carey 等[37]提出的基于小波的超分辨率重建方法，能在很大程度上解决图像边界过于光滑这个问题。小波分析用于图像处理时，通过保留一幅图像最大的几个小波系数，可对图像进行较精确的恢复。小波变换的这个特点常用于图像压缩、表示及重建。小波分析也存在一些缺点：交替投影，计算量较大，程序复杂；收敛速度取决于所用的小波，计算过程可能不稳定，收敛速度较慢。

近年来，人们把偏微分方程用于图像处理并取得了较好的结果。基于能量变分与能量扩散的技术广泛应用于图像处理。其原因在于：①图像被模拟成一个连续域，从而现有的许多迭代滤波可以统一起来并导出新的滤波器；②高速、精确、稳定的方法在丰富的数值分析研究成果的帮助下得以实现；③线性插值方法在能量扩散的框架下得到解释。这种方法的一种变形——沿图像梯度方向最小化曲率，可以在已知图像等强度线或点之间平滑补插丢失的图像轮廓。它的另一种变形是在图像梯度切方向上最小化曲率。这种方法在图像去遮挡、图像修补领域也都取得了显著的效果。然而其方程的解不是唯一的，需要增加一个总变分最小化约束条件。1998 年，Morse 和 Schwartzwald[38]提出了一个基于各向异性扩散图像超分辨率重建方法。2004 年，Chambolle [39-40]给出了基于全变差图像超分辨率重建的数值方法，得到了比较理想的重建效果，但是该方法运行时间长、速度慢。为克服该问题，朱宁等[41]提出了图像超分辨率重建的偏微分方程方法。Guichard 和 Malgouyres[42-43]给出的全变差超分辨率重建方法的基本思想是通过给重建图像的傅里叶系数加某种约束条件，使得重建方法是可逆的，即通过对重建图像降采样可以得到原始图像。满足这种约束条件的重建方法很多，文献[38]、[39]、[40]选用全变差估计图像的正则性。一维结构的保持能够获得较好的重建结果，但是完全保持一维结构的线性重建是零填充（zero-padding zoom），而零填充会在图像边缘形成振铃现象，这是高频分量被置 0 的结果。Guichard 和 Malgouyres 提出了一个有趣的限制，提出只考虑逆运算(缩小到原始图像的运算)可以表示成线性缩放的非线性缩放方法。这种方法选择具有最小总变分（total variation）的图像作为重建结果。虽然该问题的解并不唯一，但作者指出通过某些特殊的变换，这些解是可以互相导出的。这种方法兼有总变分最小化的优点与缺点：它保留了不连续性，从而增强了图像的边缘，同时又保持了一维结构，且在同质区域过度平滑。Battiato 等[44]提出了一个各向异性扩散的超分辨率重建方法。这种方法首先由原始图像通过一个较大的插值核获得一幅图像，然后对这幅图像进行各向异性扩散。这保证了由各向异性产生的平坦区域有有限的尺寸。在相应于不同物体边界的区域中减小噪声、增强对比度的扩散方程是由 Koenderink[45]和 Hummel[46]首次提出来的。

非线性扩散方法也广泛应用于图像超分辨率重建。图像超分辨率重建可看作在低分辨率图像中修补丢失的像素点。Gilboa 等[47]指出运用前后向扩散可以同时实现在图像非边缘区域平滑块状效应及改善图像对比度，但是并不能避免锯齿现象的出现。另一个非线性扩散方法是 Morse 等[48]提出的水平集重建，该方法固定低分辨率图像中的采样点而沿着等强度线平滑其他的像素点，因此图像边缘被平滑但并没有被增强。Perona 和 Malik[49]提出了一个各向异性扩散的非线性形式，该过程产生了良好的视觉效果，但是计算复杂度高。Nitzberg 和 Shiota[50]提出了另一个方法——基于偏移场（offset field）的方法，该方法通过增强两个相邻区域的对比度来消除对边界的模糊。但是，这种方法需要复杂的核，因此运算速度较慢。Fischl 和 Schwartz[51]从图像滤波过程中分离出偏移向量场估计，改善了基于偏移方法的性能。该方法比这类方法中的其他方法要简单而且快速。Leu[52]提出通过减小图像边缘宽度来增强图像的视觉效果，这种方法也可以用来解决多帧图像的超分辨率重建，以获得陡峭的图像边缘。

偏微分方程也被用来约束图像边缘的连续性及重建陡峭的图像边缘。这种方法从一幅用传统方法重建的图像开始，以迭代形式重建连续、陡峭的图像边缘。这类基于偏微分方程的方法产生陡峭清晰的边缘且没有棋盘格现象，但是它们趋向于弱化图像中的精细结构，这主要是因为偏微分方程的扩散过程不能保持精细结构。另外，基于偏微分方程的方法不是一个插值器而是一个近似器。图像在视觉意义上的一个非常重要的几何性质是等强度线，正是这些曲线反映了图像的视觉轮廓。在图像内容分析中，虽然图像等强度线并不能体现图像的所有几何信息，但是等强度线重建会产生一幅令人视觉愉悦的图像。

这些边缘方向超分辨率重建方法、内容自适应方法、基于水平集的方法等形成了一类视觉导向的超分辨率重建技术。这类视觉导向方法很大程度上是数字相片、TV、多媒体、广告及印刷工业等对具有良好视觉效果的图像或视频需求快速增长的结果。视觉导向超分辨率重建技术中的另一类是基于等强度线（isophote-oriented）方法。Morse 和 Schwartzwald[48]提出了一个约束条件：重建图像应该有最小的曲率（curvature）。通过求解相应的偏微分方程，重建图像的等强度线的曲率被“平滑”，从而图像边缘的锯齿程度被减轻。Jiang和Moloney[53]提出了一个基于偏微分方程的变分方法：重建图像在原始像素位置的图像梯度角处应有最小的误差。这些等强度线导向的方法能够有效地减轻插值图像中的锯齿现象。

虽然基于偏微分方程的超分辨率重建在减小边缘模糊、消除锯齿现象、消除振铃等人工虚像方面效果明显，但是仍然还有一些缺点，如运算复杂性较高、存在其他人工虚像（如卡通现象、伪边缘等）、重建倍数往往限制于2的整数次幂倍等。

1.3 图像超分辨率重建方法的评价指标

评判一个超分辨率重建方法的优劣有很多标准，有主观视觉的判断，也有客观指标的性能评价。主观视觉的判断依靠人眼的视觉感知来判断重建结果的优劣，往往带有个人偏好，因此需要辅以客观指标的性能评价。这些客观指标包括全局性能指标和局部性能指标，全局性能指标包括均方误差（the mean squared error，MSE）、平均绝对误差（the mean absolute error，MAE）、信噪比（signal to noise ratio，SNR）、峰值信噪比（peak signal to noise ratio，PSNR）、边缘误差百分比（the percentage edge error，PEE）和选择平均曲率（the selective average curvature，SAC）等，局部性能指标包括图像局部边缘的灰度剖面图等。

均方误差：度量误差功率与信号功率的比率，其定义为

$$\text{MSE}=\frac{\sum_{k=0}^{m}\sum_{l=0}^{n}(\hat{u}_{k,l}-u_{k,l})^2}{\sum_{k=0}^{m}\sum_{l=0}^{n}(u_{k,l})^2}$$

式中，u，$\hat{u}$ 分别为 $m\times n$ 的原始图像和重建图像。

平均绝对误差的定义如下：

$$\text{MAE}=\frac{\sum_{k=0}^{m}\sum_{l=0}^{n}\left|\hat{u}_{k,l}-u_{k,l}\right|}{\sum_{k=0}^{m}\sum_{l=0}^{n}\left|u_{k,l}\right|}$$

边缘误差百分比：最初是用于度量 JPEG 中的块虚像的一个指标，它也可以用来度量重建图像中的边缘模糊程度，其定义如下：

$$\text{PEE}=\frac{\text{ES}_{\text{ORG}}-\text{ES}_{\text{INTER}}}{\text{ES}_{\text{ORG}}}\times 100\%$$

式中，ES_{ORG} 为原始图像的边缘强度；ES_{INTER} 为插值图像的边缘强度。

PEE 度量重建图像的细节与原始图像中细节的吻合程度。通常在重建图像中PEE是正值，说明重建图像是平滑的，因此较小的PEE说明重建图像的模糊程度较小。

选择平均曲率：具有视觉冲击特性的特征点（如图像边缘、图像轮廓等的点）的平均曲率。它用来度量图像中的等强度线（物体轮廓）的振荡、锯齿程度。SAC越小，图像中的等强度线越光滑，振荡程度越小。

平均结构相似度（mean structural similarity，MSSIM）指标用来刻画原始参考图像与超分辨率重建输出图像之间的差异[54]。MSSIM 指标比峰值信噪比或其他指标更能刻画图像的视觉质量的好坏。MSSIM 指标取值为 0～1，值越大，图像的视觉质量越好，其计算原始代码参见 http://www.cns.nyu.edu/~lcv/ssim/（用默认的参数）。

1.4　本书的主要内容和组织结构

本书探讨基于偏微分方程的单帧图像超分辨率重建，采用局部正则方法和非局部正则方法研究消除重建图像的锯齿现象、抑制重建图像的边缘模糊，以及探索非迭代的快速插值方法，主要包含以下几方面内容。

第 1 章为绪论，主要介绍图像超分辨率重建技术的研究背景、意义及研究现状。

第 2 章介绍图像处理的局部正则和非局部正则的主要理论模型。在局部变分正则方法中，用于图像处理的变分正则可以由两个方面得到：一是通过演化方程直接推导，如经典的 snake 模型、Perona-Malik 各向异性扩散方程等；二是由图像问题本身导出一个能量泛函，通过最小化这个能量泛函得到问题的解。对于第一种理论模型，详细介绍了基于热传导方程的图像超分辨率重建模型；对于第二种能量最小化正则模型，详细介绍了基于 Mumford-Shah 能量泛函的图像超分辨率重建方法。对非局部正则，依非局部正则的理论发展过程，介绍了局部邻域滤波（neighborhood fitters）、非局部均值滤波、非局部泛函及图谱理论（spectral graph theory）。

第 3 章详细介绍等强度线连续、双方向扩散的理论模型。3.1 节研究能保持图像轮廓光滑的三种约束条件之间的关系，得出局部恒定梯度角约束与 TV 正则化因子约束及等强度线方向的平均像素超分辨率重建约束是等价的结论。通过保持等强度线连续获得一个更强的梯度角约束条件，导出一个三阶偏微分方程，它可使重建图像保持等强度线的连续性。该三阶偏微分方程不具有扩散性，不会增加重建图像边缘的宽度，有利于增强重建图像的边缘。3.2～3.4 节介绍双方向扩散的理论模型。3.2 节研究基于 TV 模型的双方向扩散方法，即在图像边缘斜坡较亮一侧进行前向扩散，在边缘斜坡较暗一侧进行后向扩散。它能根据图像边缘的特征自适应地调整前后向扩散强度。3.3 节通过对变指数变分模型扩散特性的研究，引入了一个满足超分辨率重建扩散特性的指数函数。指数函数中的两个参数实现两方面的功能：一个参数控制扩散强度从而减小图像边缘宽度，另一个参数控制平滑强度从而保持细小的纹理。在 3.4 节，图像的能量扩散方程被看作积分泛函的 L^2 梯度流，通过对该梯度流的研究，提出基于 H^1 内积导出 Sobolev 梯度流，它克服了 L^2 梯度流求解过程中需要附加额外光滑条件的缺点。

第 4 章研究非局部变分正则的超分辨率重建方法。4.1 节首先研究局部变分正则、PDE 正则在图像超分辨率重建中的缺陷——以图像梯度方向作为图像能量扩散的方向。在此基础上，提出以非局部 p-Laplace 泛函作为超分辨率重建的正则项。它克服了局部变分正则、PDE 正则以图像梯度方向作为图像能量扩散的方向的局限性，使图像能量扩散沿着图像特征方向而不是梯度方向进行，即在跨越图像特征的方向上施行最小的平滑以增强图像特征，而在沿着图像特征方向上施行最大的平滑以获得光滑的图像轮廓。

为了克服局部正则化方法以梯度方向指示图像特征方向的局限性，使图像能量泛函沿更精确的方向扩散，避免对图像特征的模糊，4.2 节把非局部 Hessian 矩阵的特征向量视为图像特征方向，使图像能量泛函沿该方向进行扩散，其扩散强度由图像局部 Hessian 矩阵特征值参与控制，从而获得非局部的特征方向的图像超分辨率重建方法。它可以有效地保持超分辨率重建图像轮廓的光滑，抑制图像边缘的模糊。

局部正则与非局部变分正则各有优缺点，但它们不是互相对立的，可以在同一模型中起到互补的作用。4.3 节研究局部正则与非局部正则在图像处理中的优缺点，提出局部正则与非局部正则相结合的图像超分辨率重建方法。首先，构造一个包含梯度信息的非局部有界变差（BV）正则项。该指数形式的正则项具有经典的 Perona-Malik 方程的性能，因此该非局部 BV 正则项既有各向异性扩散的性质，又有非局部泛函的优点。其次，结合 TV 正则在能量扩散中能够有效抑制锯齿现象的作用，以 TV 正则和 BV 正则的线性组合作为图像重建的正则项，导出了一个自然的重建方法。

在通常的基于偏微分方程、变分正则的图像处理中，寻求偏微分方程的显式解往往是困难的，甚至是不可能的，因此常常对这些偏微分方程进行迭代求解，但这会导致计算过程复杂，运行时间较长。于是，非迭代的图像插值方法就显得更具有实际应用价值。

第 5 章研究基于变分方法的非迭代快速方法。5.1 节提出非迭代等强度线重构图像超分辨率重建方法，该方法以等强度线上相邻像素的平均值作为待重建像素值。为了获得非迭代的图像重建函数，本节以待重建像素的曲率最小为约束条件，导出一个偏微分方程的显式解。由于重建函数使待重建像素的曲率最小，因此它保持了等强度线的局部连续性，使插值图像具有光滑的轮廓。5.2 节采用一个与灰度距离相关的权函数自适应地选择待重建像素邻域内的 Taylor 展开，提出一个邻域滤波图像超分辨率重建方法。其基本思想是靠近边缘中心一侧的待插值像素用这一侧的已知像素的 Taylor 展开式近似值减小插值图像边缘的宽度，增加边缘斜坡坡度，从而获得清晰的超分辨率重建图像边缘。这种方法使与待重建像素位于图像边缘同侧的像素权函数的值较大，这些像素的 Taylor 展开被选择为待插像素的近似；反之，则权函数的值较小，这些像素的 Taylor 展开不用作待插像素的 Taylor 展开。它可以避免跨越图像边缘的 Taylor 展开的线性平均，减小重建图像边缘的宽度，增加边缘斜坡坡度，从而获得清晰的超分辨率重建图像边缘。

第 6 章对全书研究工作进行了总结并对未来研究内容进行了展望。

本章小结

本章对数字图像插值技术研究的背景、意义进行了阐述，介绍了图像超分辨率重建技术发展的历史、国内外研究现状，以及图像超分辨率重建方法的评价指标，最后概括阐述了本书的主要内容及组织结构。

参考文献

[1] DURAND C X, FAGUY D. Rational zoom of bit maps using b-spline interpolation computerized 2-D animation[J]. Computer Graphics Forum, 1990, 9(1):27-37.

[2] UNSER M, ALDROUBI A, EDEN M. Fast b-spline transforms for continuous image representation and interpolation[J]. IEEE Transactions on Pattern Analysis and Machine Intelligence, 1991, 13(3):277-285.

[3] MAELAND E. On the comparison of interpolation methods [J]. IEEE Transactions on Medical Imaging, 1988, 7(3):213 - 217.

[4] 胡敏，檀结庆，刘晓平. 用二元向量有理插值实现彩色图像缩放的方法[J]. 计算机辅助设计与图形学学报，2004, 16（11）: 1496-1500.

[5] 杨朝霞，逯峰，关履泰. 用 B-样条的尺度关系来实现图像任意精度的放大缩小[J]. 计算机辅助设计与图形学学报, 2001, 13（9）: 824-827.

[6] 孙庆杰，张晓鹏，吴恩华. 一种基于 Bézier 插值曲面的图像放大方法[J].软件学报, 1999, 10（6）: 570-574.

[7] RAMPONI G. Warped distance for space-variant linear image interpolation [J]. IEEE Transactions on Image Processing , 1999, 8 (5) : 629-639.

[8] CHULHEE L, EDEN M, UNSER M. High-quality image resizing using oblique projection operators[J]. IEEE Transactions on Image Processing , 1998 , 7(5) :679-692.

[9] EI-KHAMY S E , HADHOUD N M, DESSOUKY M I, et al. A new edge preserving pixel-by-pixel (PBP) cubic image interpolation approach[C]. Proceedings of the 21st National Radio Science Conference, Cairo, 2004 : 11-19.

[10] ALLEBACH J, WONG P W. Edge-directed interpolation[C]. Proceedings of 3rd IEEE International Conference on Image Processing, Lausanne, 1996, 3: 707-710.

[11] JENSEN K, ANASTASSION D. Subpixel edge localization and the interpolation of still images[J]. IEEE Transactions on Image Processing, 1995, 4(3):285-295.

[12] LI X, ORCHARD M T. New edge directed interpolation[J]. IEEE Transactions on Image Processing, 2001, 10(10):1521-1527.

[13] HWANG J W, LEE H S. Adaptive image interpolation based on local gradient features[J]. IEEE Signal Processing Letters , 2004, 11(3):359-362.

[14] MURESAN D D, THOMAS W P. Adaptively quadratic image interpolation[J]. IEEE Transactions on Image Processing, 2004, 13(5) : 690-698.

[15] 罗立彦, 杨勋年. 基于细分的图像插值方法[J]. 计算机辅助设计与图形学学报, 2006, 18(9) :1311-1316.

[16] 胡敏, 张佑生. Newton-Thiele 插值方法在图像放大中的应用研究[J]. 计算机辅助设计与图形学学报, 2003, 15(8) :1004-1007.

[17] 王强, 檀结庆, 胡敏. 基于有理样条的图像缩放算法[J]. 计算机辅助设计与图形学学报, 2007, 19(10) :1348-1351.

[18] WANG Q, WARD R, SHI H. Isophote estimation by cubic-spline interpolation[C]. Proceedings of International Conference on Image Processing, Rochester, 2002(3): 401-404.

[19] ZAHIR S, MURAD A K, WARD R K. A near exact image expansion scheme for Bi-Level images[C]//Proceedings of ICIP, Vancouver, 2000, 2627-2630.

[20] DARWISH A M, BEDAIR M S, SHAHEEN S I. Adaptive resampling algorithm for image zooming[J]. IEEE Proceedings Vision Image and Signal Processing, 1997, 144(4):207-212.

[21] BATTIATO S, GALLO G, STANCO F. A locally-adaptive zooming algorithm for digital images[J]. Image and Vision Computing, 2002, 20(11):805-812.

[22] THURNHOFER S, MITRA S. Edge-enhanced image zooming[J]. Optical Engineer, 1996, 35(7):1862-1870.

[23] LI X, ORCHARD M T. New edge directed interpolation[J]. Proceedings of ICIP, 2000(1):311-314.

[24] CARRATO S, RAMPONI G, MARSI S. A simple edge-sensitive image interpolation filter[J]. Proceedings of ICIP, 1996(3):711-714.

[25] SCHULTZ R R, STEVENSON R L. A Bayesian approach to image expansion for improved definition[J]. IEEE Transactions on Image Processing, 1994, 3(3):233- 242.

[26] SAITO T, ISHII Y, NAKAGAWA Y, et al. Adaptable image interpolation with skeleton-texture separation[J]. Proceedings of the 13th IEEE International Conference on Image Processing, 2006(1): 681-684.

[27] RATAKONDO K, AHUJA N. POCS based adaptive image magnification[J]. Proceedings of ICIP, 1998, 3:203-207.

[28] ALLEBACH J, WONG P W. Edge directed interpolation[C]. Proceedings of 3rd IEEE International Conference on Image Processing, 1996, 3: 707-709.

[29] BIANCARDI A, CINQUE L, LOMBARDI L. Improvements to image magnification[J]. Pattern Recognition, 2002, 35(3):677-687.

[30] ALBIOL A, SERRA J. Morphological image enlargements[J]. Visual Communication and Image Representation, 1997, 8(4):367-383.

[31] LEE C, EDEN M, UNSERR M. High-quality image resizing using oblique project operators[J]. IEEE Transactions on Image Processing, 1998, 7(5):679-692.

[32] LEU J G. Image enlargement based on a step edge model[J]. Pattern Recognition, 2000, 33(12):2055-2073.

[33] PANDA R, CHATTERJI B N. Least squares generalized b-spline signal and image processing[J]. Signal Processing, 2001, 81(10):2005-2017.

[34] CHA Y, KIM S. Edge-forming methods for color image zooming[J]. IEEE Transactions on Image Processing, 2006, 15(8):2315-2323.

[35] LEU J G. Sharpness preserving image enlargement based on a ramp edge model[J]. Pattern Recognition, 2001, 34 (10):1927-1938.

[36] Hong K P, PAIK J K, KIM H J, et al. An edge-preserving image interpolation system for a digital camcoders[J]. IEEE Transactions on Consumer Electronics, 1996, 42(3): 279-284.

[37] CAREY W K, CHUANG D B, HEMAMI S S. Regularity-preserving image interpolation[J]. IEEE Transactions on Image Processing, 1999, 8(9):1293-1297.

[38] MORSE B S, SCHWARTZWALD D. Isophote-based interpolation[J]. Proceedings of ICIP, 1998, 3: 227-231.

[39] CHAMBOLLE A. An algorithm for total variation minimization and applications[J]. Journal of Mathematical Imaging and Vision, 2004, 20(1-2):89-97.

[40] CHAMBOLLE A, LIONS P L. Image recovery viatotal variation minimization and related problems[J]. Numerische Mathematik, 1997, 76(2):167-188.

[41] 朱宁, 吴静, 王忠谦. 图像放大的偏微分方程方法[J]. 计算机辅助设计与图形学学报, 2005, 17(9):1941-1945.

[42] GUICHARD R, MALGOUYRES F. Total variation based interpolation[J]. Proceedings of the European Signal Processing Conference, 1998(3):1741-1744.

[43] MALGOUYRES F, GUICHARD E. Edge direction preserving image zooming: a mathematical and numerical analysis[J]. SIAM Journal on Numerical Analysis, 2001, 39(1): 1-37.

[44] BATTIATO S, GALLO G, STANCO F. A locally adaptive zooming algorithm for digital images[J]. Elsevier Image and Vision Computing, 2002, 20(11):805-812.

[45] KOENDERINK J. The Structure of Image[J]. Biological Cybernetics, 1984(50): 363-370.

[46] HUMMEL A. Representations based on zero-crossing in scale-space[J]. Reading in Computer Vision, 1987: 753-758.

[47] GILBOA G, SOCHEN N, ZEEVI Y Y. Forward-and-backward diffusion processes for adaptive image enhancement and denoising[J]. IEEE Transactions on Image Processing, 2002, 11(7):689-703.

[48] MORSE B S, SCHWARTZWALD D. Image magnification using level-set reconstruction[C]//Proceedings Computer Vision and Pattern Recognition, Kauai, 2001(1): 333-340.

[49] PERONA P, MALIK J. Scale-space and edge detection using anisotropic diffusion[J]. IEEE Transactions on PAMI, 1990, 12(7):629-639.

[50] NITZBERG M, SHIOTA T. Nonlinear image filtering with edge and corner enhancement[J]. IEEE Transactions on PAMI, 1992, 14(8): 826-833.

[51] FISCHL B, SCHWARTZ E L. Adaptive nonlocal filtering: a fast alternative to anisotropic diffusion for image enhancement[J]. IEEE Transactions on PAMI, 1999, 21(1): 42-48.

[52] LEU J G. Edge sharpening through ramp width reduction[J]. ELSEVIER Image and Vision Computing, 2000(18): 501-514.

[53] JIANG H, MOLONEY C. A new direction adaptive scheme for image interpolation[C]//Proceedings international Conference on Image Processing, Rochester, 2002(3): 369-372.

[54] WANG Z, BOVIK A C, SHEIKH H R, et al. Image quality assessment: from error visibility to structural similarity[J]. IEEE Transactions on Image Processing, 2004, 13(4): 600-612.

第 2 章　图像超分辨率重建正则化基本方法

随着信息与计算科学的发展，信息科学所描述的数学问题越来越复杂，而图像处理中的诸多问题，如图像去噪（image denoising）、图像恢复（image restoration）、图像放大（image zooming）、图像修补（image inpainting）、图像分割（image segmentation）等都可归结为一个数学反问题（inverse problem）或称不适定问题（ill-posed problem）。偏微分方程本身来自连续域，它本质上能够描述模拟图像，可以给出曲线（曲面）流连续模型，这使得它在图像处理中具有得天独厚的优势。在偏微分方程正则或变分正则的框架下求解图像问题是处理不适定问题的有效方法，这为偏微分方程理论进入计算机视觉与图像处理领域提供了广阔的舞台。事实上，偏微分方程是建立在结构和行为上的系统理论，有着深厚的物理背景，以此研究图像的内在机理和方程的内在联系，特别是局部和非局部的正则性问题，利用系统的动态性了解图像的非线性结构特征及可能的运动规律，对人类感知图像、理解图像、处理图像、探索图像应用价值具有重要的理论和实践意义，这也是国内外目前研究的一个重点和热点。在图像处理中采用偏微分方程的思想是随着计算机科学与技术、数学和物理学的发展而逐渐产生、成熟起来的，现在仍然存在大量的理论和实际问题需要解决。由于应用背景不同，因此这些思想沿着不同的主线发展。

事实上，人类对数据具有异常突出的筛选能力，能迅速觉察到与自身相关的重要信息，并加工处理图像。但是利用计算机和数学工具(包括偏微分方程方法)处理该问题却是异常困难的，这种困难来自图像的多样性，不同主体、不同任务对图像特征、变化结果的要求是不一致的。这就需要我们根据不同需求，利用不同的偏微分方程或者变分模型描述不同的图像任务，这种描述包含了对问题的精确性和深刻性理解。早期的很多图像处理偏微分方程模型、变分模型利用图像梯度等特征构建了一系列正则化模型，这些正则化模型活跃在图像分析和图像处理的各个领域，并取得了很多较好的结果。经典的偏微分方程模型有中值曲率运动（mean curvature motion）模型、热扩散模型、TV 模型、PM（Perona and Malik）模型、Navier-Stokes 模型、p-Laplace 模型、Mumford-Shah 模型、测地活动轮廓模型等。这些模型往往以图像梯度作为图像特征方向，应用于图像重建、图像恢复或者特征提取。因为图像梯度具有很强的局部性，所以这些模型是局部的模型。

2.1 偏微分方程局部正则图像处理理论的发展历史

图像处理中采用偏微分方程的思想可以追溯到Jain[1]和Gabor[2]，但是该领域实质性的创始工作应该归功于 Koenderink [3]和 Witkin[4]。他们在图像处理中引入了尺度空间的严格理论，尺度空间理论是今天图像处理中对偏微分方程研究的基础。他们将多尺度图像表示为Gaussian滤波器处理的结果，等效于将原图像经过热传导方程使之变形，获得各向同性的扩散流。在 20 世纪 80 年代后期，Hummel[5]注意到热扩散流并不是产生尺度空间的唯一抛物型方程，并提出满足极大值原理的演化方程也能定义一类尺度空间。极大值原理可以视为因果性的数学解释。同时，Koenderink 又一次贡献性地提出在 Gaussian 滤波器处理过程中加入一个阈值运算器。

Perona 和 Malik[6]提出的各向异性扩散方程在该领域最具有影响力，他们提出用一个可以保持边缘的有选择性扩散来替换 Gaussian 扩散，这引发了许多理论和实际问题的研究。Osher[7-9]和他的研究小组提出了几何制约偏微分方程，其中最著名的是曲率流。曲率流是“纯粹的”各向异性扩散模型，它使图像灰度值的扩散仅发生在图像梯度的正交方向上，在保持图像轮廓精确位置和清晰度的同时沿轮廓进行平滑和去噪。他们关于激波（shock filters）的研究及关于 TV 模型的研究工作更突出了偏微分方程在图像处理中的重要性，这些方法的成功之处在于将图像视为由跳跃边缘连接而成的分片光滑曲面（函数），从而与某种偏微分方程的分片光滑解相联系。

目前，基于偏微分方程的图像处理还衍生出了许多分支，其中有些分支采用的数学工具已经不完全局限于偏微分方程，有的研究甚至借用了视觉哲学的一些结论。一方面，该领域的发展在应用领域不断拓展，如法国航天局已经采用了Affine Morphological Scale Space 算子作为对航拍图像进行图像增强的标准方法；另一方面，随着本学科的发展，人们在越来越深刻地挖掘图像和图像处理的本质，并试图用严格的数学理论对现存的图像处理方法进行改造，这对于以实用为主的传统图像处理方法是一种挑战。

2.2 偏微分方程局部正则进行图像处理的优点

使用偏微分方程进行图像处理有很多优点，人们可以用广义上连续的二维函数对图像进行建模，从而对图像进行求导、求积分等操作，这就使问题的描述在形式上变得简单，使公式不再依赖于网格，即是各向同性的。

相反地，当用一个连续信号表示图像时，可以把偏微分方程看作具有无穷邻域的局部滤波器的迭代过程。对偏微分方程的这种解释使得人们可以对已知的迭代滤波进行统一和分类，同样也可以推导出新的滤波来。Alvarez 等[10]用图像处理满足的几个公理，如局部性和因果关系等，对偏微分方程进行了分类。

在计算方面，可以利用现有的一些非常完备的数值分析和偏微分方程计算方法来进行运算。当把偏微分方程用于图像处理和数值实现时，需要处理非光滑信号的导数及定义合适的框架。尽管图像不够光滑，以至于不能给出偏微分方程理论中经典意义下的导数，但是粘性解的理论为严格采用偏微分方程提供了一个框架。

另外，使用偏微分方程的突出优点是可以使图像处理和分析的速度、准确性和稳定性都有很大的提高。

2.3　局部正则图像超分辨率重建的主要模型

2.3.1　主要理论模型

通常地，用于图像处理的偏微分方程可以由两个方面得到：一是可以从图像处理的变分问题中得出，该方法在图像处理中应用比较普遍，其基本思想是最小化一个能量泛函；二是通过演化方程直接推导，如经典的snake模型、Perona-Malik各向异性扩散方程等。

设 $f_0:R^2\to R$ 表示一幅灰度图像，灰度值为 $f_0(x)$。图像的变分问题实际上是求如下最优化问题：

$$\min_f E[f] \tag{2-1}$$

式中，$E[f]$为图像f的能量泛函。

其最经典的例子是如下 Dirichlet 积分：

$$E[f]=\int_\Omega |\nabla f(x)|^2\,\mathrm{d}x \tag{2-2}$$

式中，Ω 为图像区域；∇ 为梯度算子；$|\cdot|$ 为向量的模。

与该模型对应的偏微分方程是线性热扩散方程：

$$\frac{\partial f}{\partial t}=\Delta f \tag{2-3}$$

常用的一个图像模型是 TV 模型。此时，图像能量定义为

$$E_{\mathrm{TV}}[f]=\int_{\Omega}|\nabla f|\mathrm{d}x \tag{2-4}$$

在解决不同的图像处理问题时会给定不同的初值条件，然后通过求解以上方程就可以得到结果。

下面介绍由演化方程直接导出的偏微分方程。引入时间因子 t，则对图像的处理用偏微分方程可表示为

$$\frac{\partial f}{\partial t}=F[f(x,t)] \tag{2-5}$$

式中，$f(x,t):R^2\times[0,\tau)\rightarrow R$ 为变化过程中的图像；$F:R\rightarrow R$ 为某给定方法，通常依赖于图像及其空间上的一、二阶导数。

原始图像 f_0 为初始条件。偏微分方程的解 $f(x,t)$ 即给出了迭代 t 次时的图像，通常在得到满意的图像时停止迭代。这就是偏微分方程表达的图像处理过程。

高斯平滑过程可用各向同性分布的偏微分方程（热传导方程）来表示：

$$\frac{\partial f(x,t)}{\partial t}=\mathrm{div}(\nabla f) \tag{2-6}$$

式中，div 为散度算子。

为了保证图像在各方向上的特征，Perona 和 Malik 将上述偏微分方程改进为各向异性分布形式。他们引入系数分布函数 $g(x)$，提出系数各向异性扩散方程：

$$\frac{\partial f}{\partial t}=\mathrm{div}\left[g\left(|\nabla f|\right)\nabla f\right] \tag{2-7}$$

式中，$|\nabla f|$ 为 f 梯度的模；系数分布函数 $g\left(|\nabla f|\right)$ 被称为边缘停止函数，用来保持边缘。

2.3.2　基于热传导方程的图像超分辨率方法

在去除图像噪声方面，热传导方程起着很重要的作用。如果把图像像素灰度值看成温度，并在图像区域内进行扩散，则扩散分别沿着由图像边缘梯度法向量 $\boldsymbol{D}f$ 和切向量 $\boldsymbol{D}f^{\perp}$的单位向量 $\boldsymbol{n}$ 和 $\boldsymbol{t}$ 进行，即

$$\boldsymbol{n}=\frac{\boldsymbol{D}f}{|\boldsymbol{D}f|}=\frac{(f_x,f_y)}{\sqrt{f_x^2+f_y^2}},\quad \boldsymbol{t}=\frac{\boldsymbol{D}f^{\perp}}{|\boldsymbol{D}f|}=\frac{(f_y,-f_x)}{\sqrt{f_x^2+f_y^2}}$$

则图像 $f(x,t)$ 根据如下的偏微分方程演化[11]：

$$\frac{\partial f}{\partial t}=\boldsymbol{D}^2 f(\boldsymbol{t},\boldsymbol{t})+g\left(\left|\boldsymbol{D}f\right|\right)\boldsymbol{D}^2 f(\boldsymbol{n},\boldsymbol{n}) \tag{2-8}$$

其中：

$$\boldsymbol{D}^2 f(\boldsymbol{v},\boldsymbol{v})=\boldsymbol{v}^{\mathrm{T}}\boldsymbol{D}^2 f\,\boldsymbol{v}=[v_1,v_2]\begin{bmatrix} f_{xx} & f_{xy}\\ f_{yx} & f_{yy}\end{bmatrix}\begin{bmatrix} v_1\\ v_2\end{bmatrix}$$

为沿方向 $\vec{\boldsymbol{v}}$ 上的二阶方向导数。

函数 $g(s)$ 是一个边缘停止函数，满足 $0\leqslant g\leqslant 1$，当 s 较大时 g 趋于 0，当 s 较小时 g 趋于 1。通常，停止函数 $g(s)$ 选取 Perona-Malik 函数[12]：

$$g(s)=\frac{1}{1+(s/\lambda)^2}$$

式中，λ 为一个正实数。

下面的定理说明了函数 $g(s)$ 的作用。

定理 2.1[13]　当 $g(s)\equiv 1$ 时，方程（2-8）变成如下热传导方程：

$$\frac{\partial f}{\partial t}=\Delta f \tag{2-9}$$

当 $g(s)\equiv 0$ 时，方程（2-8）化为中值曲率运动方程：

$$\frac{\partial f}{\partial t}=\left|\boldsymbol{D}f\right|\nabla\cdot\left(\frac{\boldsymbol{D}f}{\left|\boldsymbol{D}f\right|}\right)=\left|\boldsymbol{D}f\right|\mathrm{curv}(f) \tag{2-10}$$

在图像平滑区域中，$|\boldsymbol{D}f|$较小，$g(s)$ 趋向于 1，方程（2-8）中的两项有相同的系数。拉普拉斯方程（2-9）会以各向同性的方式均匀地模糊图像。在图像边缘附近，$|\boldsymbol{D}f|$较大，$g(s)$ 趋向于 0，这时能量扩散沿着图像边缘平滑等强度线同时保持图像边缘的锐化。Belahmidi 和 Guichard[13]运用热传导方程（2-8）并加上一个数据保真项来进行图像超分辨率重建。该热传导方程会在平滑图像的同时保持图像边缘，而且数据保真项使图像 f 更接近于原始图像 f_0，相应的偏微分方程和初始条件如下：

$$\begin{cases}\dfrac{\partial f}{\partial t}=\boldsymbol{D}^2 f(\boldsymbol{t},\boldsymbol{t})+g\left(\left|\boldsymbol{D}f\right|\right)\boldsymbol{D}^2 f(\boldsymbol{n},\boldsymbol{n})-Pf+Zf_0\\ f(x,0)=Zf_0\end{cases} \tag{2-11}$$

式中，算子 $Z:\Omega\rightarrow\Omega_M$ 为复制放大技术或最邻近插值技术。插值的粗糙图像 Zf_0 作为初始图像。投影算子 P 计算图像 f 在 $M\times M$ 模板上的平均值，该 $M\times M$ 模板就是插值过程 Z 中使用的模板。如果记 $N(x)$为 $M\times M$ 插值窗口所包含的像素

x，则算子 P 可以表示为

$$P(x)=\frac{1}{M^2}\int_{N(x)}f(y)\mathrm{d}y$$

经典的热传导方程（2-8）被广泛地研究，但是方程（2-11）中增加的数据保真项如何影响该方程尚不得而知。即使是在粘性解框架下，人们对方程（2-11）的解也知之甚少。记方程（2-11）的右边为 $H(x,f,\boldsymbol{D}f,\boldsymbol{D}^2 f)$，$f$ 的粘性解满足在 $\partial\Omega_M$ 上 $f=0$ 且对所有的 $v=C^2(\Omega_M)$ 有：

1）当 $H(x_0,f,\boldsymbol{D}f,\boldsymbol{D}^2 f)\leqslant 0$ 时，$f-v$ 在 (t_0,x_0) 上有局部极大值。

2）当 $H(x_0,f,\boldsymbol{D}f,\boldsymbol{D}^2 f)\geqslant 0$ 时，$f-v$ 在 (t_0,x_0) 上有局部极小值。

由此，Belahmidi 证明了下面的定理。

定理 2.2[14]　设 $g(s)$ 是 Perona-Malik 函数且 $f_0\in C(\Omega)$。满足在 $\partial\Omega_M$ 上 $f=0$ 的偏微分方程（2-11）有唯一的粘性解。

该定理的证明与 Hamilton-Jacobi 方程的粘性解证明相似。当然，对自然图像来说，该定理的适应性受到一定的限制，因为原始图像 f_0 通常是不连续的。

运用有限差分方法，方程（2-11）可以直接进行离散化。对较小的时间步长 δt，方程可以写成如下形式：

$$f_{ij}^{(n+1)}=f_{ij}^{(n)}+\delta t\left[\boldsymbol{D}^2 f(\boldsymbol{t},\boldsymbol{t})+g\left(\left|\boldsymbol{D}f\right|\right)\boldsymbol{D}^2 f(\boldsymbol{n},\boldsymbol{n})-Pf+Zf_0\right]_{ij}$$

式中，$f_{ij}^{(n)}$ 为像素 (i,j) 第 n 次迭代的值；$\boldsymbol{D}^2 f(\boldsymbol{t},\boldsymbol{t})$ 为图像 f 在像素点 (i,j) 处沿切线方向上的二阶方向导数；$\boldsymbol{D}^2 f(\boldsymbol{n},\boldsymbol{n})$ 为图像 f 在像素点 (i,j) 处沿法线方向上的二阶方向导数。

二维热传导方程 $f_t=\Delta f$ 的 von Neumann 分析指出，只有当 $\frac{\delta t}{(\delta x)^2}<\frac{1}{4}$ 时，上述方程的欧拉数值方案才具有稳定性。根据该结论，以及图像的空间步长为 $\delta x=1$，可知时间步长的粗略上界为 $\delta t<0.25$。在图像的边界处使用 Neumann 边界条件。对于停止时间 T，Belahmidi 和 Guichard 得出了如下结论：在尺度 t 下，图像 f 上的热传导扩散等价于图像与一个标准差为 $\sqrt{2}\,t$ 的高斯核函数的卷积。由于像素的插值 $M\times M$ 窗口的对角线长度为 $\sqrt{2}\,M$，因此作者认为理想的标准差应为 $\sqrt{2}\,M$。因此，可设停止时间为 $T=M^2$。实验验证，这种基于偏微分方程的方法在停止时间后图像的变化不大，因此图像在该时间可能已达到稳定状态。

这种图像超分辨率方法在平滑图像边缘的同时对保持边缘的锐化具有一定作用。在消除图像边缘的混淆现象（aliasing edges）方面，这种方法要优于双线性滤波（图 2.1）。另外，这种方法对纹理图像平滑过度，但是对自然图像却能产生较好的效果。如果 Perona-Malik 函数 $g(s)$ 中的参数 λ 取值过小，这种方法会在纹理区域平滑过度，导致失真的重建图像；取较大的 λ 可以避免这种过度平滑，从而保持图像纹理的逼真度，但同时也保持了图像噪声及振铃等虚像（图 2.2）。其另一个副作用是图像的对比度会发生变化，这是因为跨越图像边缘的扩散虽然受到限制，但是这种扩散仍然会发生。在某些应用中，这种副作用会影响人们对结果的判读，如在医学中大脑图像的灰度值变化是很关键的。

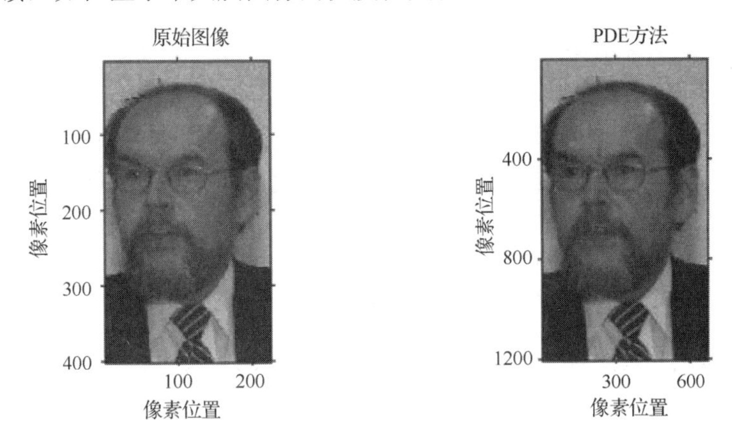

（a）原始图像与热传导方程方法放大9倍的图像

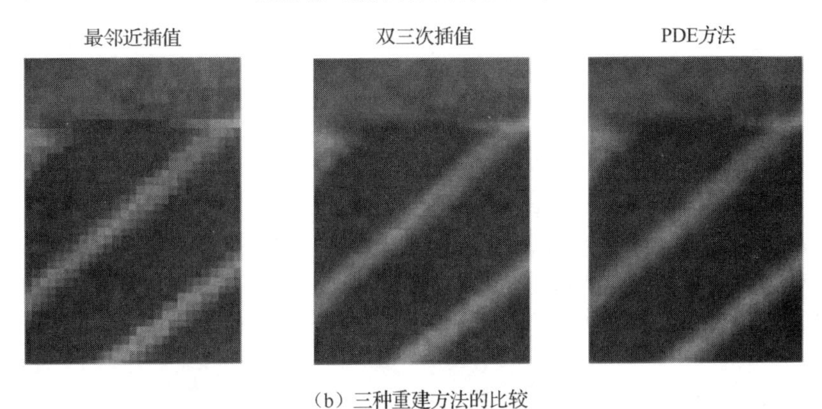

（b）三种重建方法的比较

图 2.1　基于偏微分方程的超分辨率重建方法[15]（放大 9 倍，$\delta t = 0.1$）

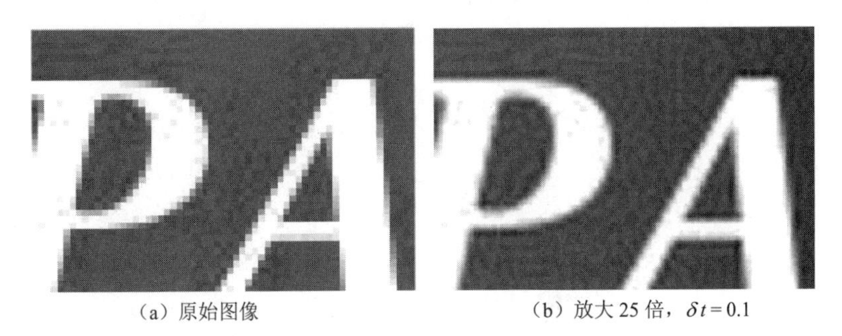

（a）原始图像　　（b）放大 25 倍，$\delta t = 0.1$

图 2.2　文本图像基于偏微分方程的超分辨率重建方法[15]

2.3.3　基于 Mumford-Shah 能量泛函的重建方法

1989 年，Mumford 和 Shah[16]提出了一个同时最小化图像 f 和图像边缘集 Γ 的模型，其中的正则项为

$$R_{\mathrm{MS}}(f,\Gamma)=\int_{\Omega\setminus\Gamma}|\nabla f|^2\,\mathrm{d}x+\gamma H^1(\Gamma) \tag{2-12}$$

式中，$H^1(\Gamma)$ 为一维 Hausdorff 测度，用来量化图像边缘的总长度。

该正则项在图像边缘以外进行平滑；同时控制图像边缘集的尺寸。与 TV 范数相比，Mumford-Shah 正则项中梯度模中的指数为 2，其作用是加强平滑；TV 范数中的指数是 1，其作用是锐化图像边缘和平滑梯度。

这是一个自由边界问题的最小化问题，因此关于 Mumford-Shah 能量泛函的极小值的理论要少于 TV 能量泛函。Mumford 和 Shah 证明了关于该极小值的一个有趣的结果。

定理 2.3[16]　设 $f\in W^{1,2}(\Omega),\Gamma\subset\Omega$，是 Mumford-Shah 能量泛函的一个极小值：

$$E_{\mathrm{MS}}[f,\Gamma\mid f_0]=\int_{\Omega\setminus\Gamma}|\nabla f|^2\,\mathrm{d}x+\gamma H^1(\Gamma)+\frac{\lambda}{2}\int_{\Omega}(f-f_0)^2\,\mathrm{d}x \tag{2-13}$$

假设 $\Gamma=\cup\Gamma_i$，这里 Γ_i 是简单 $C^{1,1}$-曲线且每一条曲线只在它的端点处与其他曲线或边界接触，则 Γ 的任何顶点必为如下情况之一：

1）这个点在$\partial\Omega$上且 Γ_i 和$\partial\Omega$ 垂直相交。

2）这个点是三个 Γ_i 呈 $2\pi/3$ 角度相交的交点 a。

3）这个点是 Γ_i 的终端点。

然而，当 Γ 由 $C^{1,1}$-曲线构成时，该定理并不能保证这样一个极小值的存在性。Ambrosio[17]在 BV 的一个特殊子空间里建立了极小化图像的存在性定理。另有一些研究者发现该极小值是方程（2-13）的极小值，但是图像的唯一性和 Γ 的准确性并未得到解决。

对图像修补来说，该极小的图像通常是不唯一的。如果假设二值图像的边缘只在不连续处出现，则 Mumford-Shah 能量泛函作用等价于 TV 能量泛函（不考虑参数的选择）。该二值图像的边缘非常光滑且边缘的长度等于 TV 能量泛函产生的长度。

对于图像超分辨率重建问题，Mumford-Shah 模型也渐进地具有唯一性结果。设 $\gamma\to\infty$，可以看到该最小边缘集 Γ 收缩到 ϕ[16,18]。能量泛函（2-13）变为 Tikhonov 或 Sobolev 平滑：

$$E[f\mid f_0]=\int_{\Omega}|\nabla f|^2\,\mathrm{d}x+\frac{\lambda}{2}\int_{\Omega}(f-f_0)\mathrm{d}x \tag{2-14}$$

可以注意到，修补一个图像区域 D，只需把第二个积分限变为 $\Omega\setminus D$。如果进一步设 $\lambda\to\infty$，则可得到 harmonic 修补：

$$\Delta f=0 \text{ in } \Omega,\ f(x)=f_0(x) \text{ for } x\in D,\ \frac{\partial f}{\partial \boldsymbol{n}}=0 \text{ on } \partial\Omega \tag{2-15}$$

式中，$\frac{\partial f}{\partial \boldsymbol{n}}$ 是法线方向上的方向导数。

对图像超分辨率重建问题来说，D 是一个低分辨率网格。Evans[19]指出，寻找一个具有边界条件和零维数据的调和函数（harmonic function）是一个病态问题。这说明 Mumford-Shah 模型放大会产生不好的结果，至少在连续模型中是这样。

Chan 和 Shen[20]及 Chan 和 Kang[21]揭示了 harmonic 图像修补中的一个错误估计。对给定的图像区域 D，一个格林函数 G 是 harmonic 图像修补问题（2-13）的解，但前提是格林函数 G 存在。该格林函数 G 满足[19]

$$-\Delta G=\delta(y-x),\quad x\in D,\quad 在\partial D\ G=0$$

则调和函数 f_{h} 满足

$$f_{\mathrm{h}}(x)=-\int_{\partial D} f_0[y(s)]\frac{\partial G(x,y)}{\partial \boldsymbol{n}}\mathrm{d}s \tag{2-16}$$

式中，$\boldsymbol{n}$ 为沿边缘 ∂D 的外法方向；s 为 ∂D 的长度参数。

假设理想图像为 f_{true}，$\Omega\setminus D$ 上外 $f_{\mathrm{true}}=f_0$，则真实图像可以根据格林函数由双侧势函数表示为

$$f_{\mathrm{true}}(x)=-\int_{\partial D} f_0[y(s)]\frac{\partial G(x,y)}{\partial \boldsymbol{n}}\mathrm{d}s-\int_D \Delta f_{\mathrm{true}}G(x,y)\mathrm{d}y \tag{2-17}$$

方程（2-17）减去方程（2-16），消去第一项，得到

$$f_{\mathrm{true}}(x)-f_{\mathrm{h}}(x)=-\int_D \Delta f_{\mathrm{true}}G(x,y)\mathrm{d}y \tag{2-18}$$

从而可得到如下的图像修补误差界限。

定理 2.4[18]　假设 f_{h}、f_0、$f_{\mathrm{true}}\in C^2(\Omega)$，修补区域 D 具有光滑的连续边界，则对任意点 $x\in D$，有

$$\left|f_{\mathrm{true}}(x)-f_{\mathrm{h}}(x)\right|\leqslant L\int_D G(x,y)\mathrm{d}y \tag{2-19}$$

式中，L 为一个常数，在 D 内满足 $\left|\Delta f_{\mathrm{true}}\right|\leqslant L$。

该定理说明修补误差源于自然的属性和直觉。修补误差取决于三个因素：Δf_{true} 的光滑程度、修补区域 D 的大小、区域 G 的几何性质。运用格林函数及其比较原则，Chan 和 Kang 得到如下误差界限。

推论 2.1[21]　如果修补区域 D 可以由具有较小直径 d 的椭圆覆盖，则

$$\left|f_{\text{true}}(x)-f_{\text{h}}(x)\right|\leqslant 2Ld^2 \tag{2-20}$$

该推论证明了 harmonic 修补对长且窄的区域（如照片上的划痕）具有很好的效果。这个众所周知的现象是在图像修补的第一篇研究文章中被观察到的[22]。由于当 $\lambda,\gamma\to\infty$时，Mumford-Shah 能量泛函渐近地趋于 harmonic 修补模型(2-15)，因此可以直观地看出 Mumford-Shah 修补误差是由 harmonic 修补误差界定的，至少是在参数的某些选择上如此。

如果把放大参数为 M 的图像超分辨率重建过程看作一个像素距离为 M 的图像修补问题，则根据推论 2.1 可以推测出 Mumford-Shah 误差是 $O(LM^2)$的。然而，误差分析并不能解决图像超分辨率重建问题。

在图 2.3 中，若用一个椭圆覆盖修补区域，则需跨越整个图像。另外，由于已知数据由孤立点构成，$\partial D=\phi$，这使得在通常意义下格林函数不存在。然而，在连续意义下像素是 0 维的，从而说明可能存在一种改进的误差估计适用于离散计算。变分问题的典型最小化方法是解其对应的欧拉-拉格朗日方程，但是由于 Mumford-Shah 模型（2-13）是不可微的，因此这种方法在这里不可行。

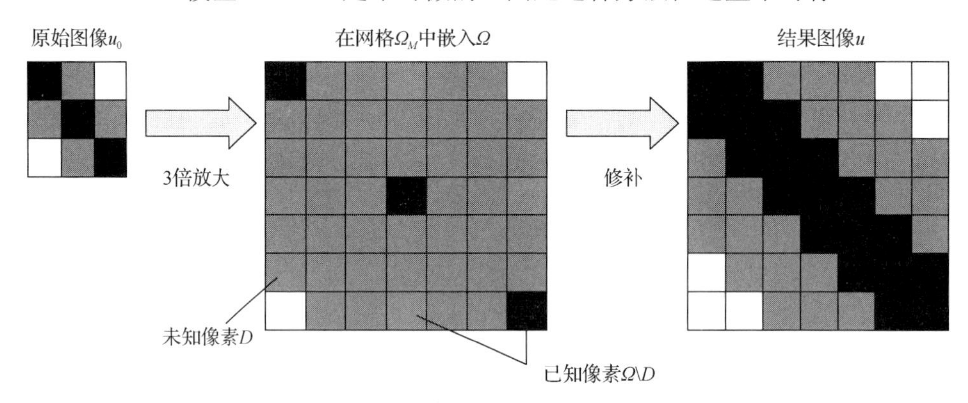

图 2.3　9 倍图像超分辨率重建的变分修补示意

Mumford-Shah 模型最小化有如下两种方法：水平集方法和用一个合适的函数来近似该能量泛函。下面讨论后一种方法，特别是由 Ambrosio 和 Tortorelli[23] 提出的近似方法，已经证明在 Γ 收敛意义下 Ambrosio-Tortorelli（AT）近似函数等价于 Mumford-Shah 能量泛函。

定义 2.1（Γ-收敛）　序列 $f_j: X\to R\cup\{\infty\}$在 X 中 Γ-收敛到 $f: X\to R\cup\{\infty\}$，当且仅当对任意 $x\in X$ 下面的性质成立：

1）对任意收敛于 x 的序列 x_j，有 $f\leqslant\liminf f_j(x_j)$。

2）存在一个收敛于 x 的序列 x_j，使得 $f\geqslant\limsup f_j(x_j)$。

在对集合 X 做某些合理的假设后，函数 f_j 的极小值与它的 Γ-极限的极小值是一致的[24]。AT 近似的基本思想是用一个边缘谷函数（edge canyon function）$z(z{:}\ \Omega\to[0,1])$来代替难于以数字形式跟踪的边缘集合 Γ。对于一个固定的参数 $\varepsilon>0$，函数 $z\in L^1(\Omega)$定义为

$$z(x)=\begin{cases}0, & x\in\Gamma\\ 1, & d(x,\Gamma)>\varepsilon\end{cases}$$

式中，$d(x,\Gamma)$ 为 x 到 Γ 的距离。

Ω 中的其他值由 L^1-延拓定义。由此 AT 近似由以下形式给出：

$$E_{\mathrm{AT}}[f,z\,|\,f_0]=\int_{\Omega}z^2\left|\nabla f\right|^2\mathrm{d}x+\gamma\int_{\Omega}\left[\varepsilon\left|\nabla f\right|^2+\frac{(1-z)^2}{4\varepsilon}\right]\mathrm{d}x+\frac{\lambda}{2}\int_{\Omega}(f-f_0)^2\,\mathrm{d}x \tag{2-21}$$

逐项比较该函数与方程（2-13）中的 E_{MS}，该函数中的第一项与 $\int_{\Omega\setminus\Gamma}|\nabla f|^2\,\mathrm{d}x$ 是一致的，因为在边缘集合上 $z=0$。这一项也使得 z 在 $\left|\nabla f\right|$ 较大进而变分较大的区域为 0。第二、第三项对应于边缘长度 $H^1(\Gamma)$，第二项起着平滑 z 的作用，而第三项使 z 几乎处处为 1。当 $\varepsilon\to 0$ 时，泛函 E_{AT} 在 $L^1(\Omega)$ 中 Γ-收敛于 E_{MS}。另外，E_{AT} 在 $L^1(\Omega)$ 中的极小值 f_ε 收敛于 E_{MS} 在 $\mathrm{BV}(\Omega)$ 中的一个特殊子空间中的极小值 f。

AT 近似函数是可微的且可以用标准的变分方法来求解，其欧拉-拉格朗日方程为

$$\begin{cases}-\nabla\cdot\left(z^2\left|\nabla f\right|\right)+\lambda(f-f_0)=0\\ \left|\nabla f\right|^2 z+\gamma\left(-2\varepsilon\Delta z+\dfrac{z-1}{2\varepsilon}\right)=0\end{cases} \tag{2-22}$$

假设边界诺依曼条件为

$$\frac{\partial f}{\partial \boldsymbol{n}}=\frac{\partial z}{\partial \boldsymbol{n}}=0\ \text{on}\ \partial\Omega\ \text{上}$$

为了把它表示成一个椭圆系统，Esedoglu 和 Shen[25]引入了下面的微分算子：

$$L_z=-\nabla\cdot z^2\nabla+\lambda$$

$$M_f=\left(1+\frac{2\varepsilon}{\gamma}\right)-4\varepsilon\Delta$$

因此方程（2-22）中的欧拉-拉格朗日方程可以写成如下形式：

$$L_z f=\lambda f_0,\qquad M_f z=1 \tag{2-23}$$

该系统可以采用 Gauss-Jacobi 方法交替地迭代求出 f 和 z 的极小值。

对于图像修补问题，可以通过限制保真参数 λ 在受损区域 D 的值为 0 实现。方程（2-23）中的算子为

$$L_z f(x) = 1_{\Omega \setminus D}(x)\lambda f_0(x), \quad M_f\, z(x) = 1$$

图像超分辨率问题则把上面的 $\Omega \setminus D$ 替换为低分辨率区域 $\Omega \subseteq \Omega_M$。Esedoglu 和 Shen 发现，对图像修补问题来说 $\varepsilon = 1$ 就足够了，而其他参数 γ 和 λ 则需要谨慎设置来平衡边缘长度，使数据保真。如前述，参数 λ 应该与图像噪声成反比：$\lambda = O(1/\sigma^2)$。参数 γ 实际上决定了图像的多大部分可以被看作边缘。当 $\gamma \to \infty$ 时，边缘谷函数 $z \to 1$，即边缘集合消失；当 $\gamma \to 0$ 时，$z \to 0$ 使平滑项 $z^2 |\nabla f|^2$ 更小，可以把整个图像看作一条图像边缘。

传统的图像超分辨率重建方法，如双线性、双三次方法，容易形成模糊的图像边缘。为了避免形成模糊的人工虚像，Alvarez 等[10]、Chan 和 Shen[20]在超分辨率重建之前先用局部滤波器定位图像边缘。这些方法都有三个明显的缺点。①由于只使用相邻像素间的数据，因此这些超分辨率方法都是局部性方法。当观察的低分辨率图像是有噪声的图像时，这些方法往往会产生不好的结果。②先于插值的边缘检测方法常常只利用图像的局部信息（对噪声敏感），而且不能产生连续的闭图像轮廓。③平滑、边缘检测、超分辨率重建运算是不可交换的，因而这三种运算采用哪种顺序更合理并不清楚。对上述第一个问题，通过对重建图像像素与每个同质区域的所有像素而不是相邻像素运用一个基于偏微分方程的估计理论来决定重建方法，这样可以使重建方案对噪声更具鲁棒性。对上述第二个问题，可以运用前述的活动轮廓模型检测图像边缘，这种方法是全局性的而不是局部滤波，因而对噪声不敏感；同时它是基于曲线的方法，能够产生连续的闭图像轮廓。由于 Mumford-Shah 模型可以同时实现图像的分割、去噪、重建，因此第三个问题迎刃而解。

运用 Mumford-Shah 活动轮廓模型解决超分辨率重建问题是把图像超分辨率重建问题看作图像数据丢失问题的一种特殊情况。例如，考虑一个新的网格，在每个方向上的像素数是原始图像网格的三倍。该网格上的每个 3×3 块的中心位置对应于原始图像的像素，把其余位置看作丢失的图像数据，如图 2.4 所示。从估计理论的观点来看，这些中心像素可以看作一个更大的图像区域的稀疏测量。运用前述推广的 Mumford-Shah 曲线演化过程插值到更精细的图像网格，该过程中的曲线演化部分把精细图像网格分成不同的同质子区域，从而产生平滑的重建图像，同时避免模糊高对比区域（图像边缘）。

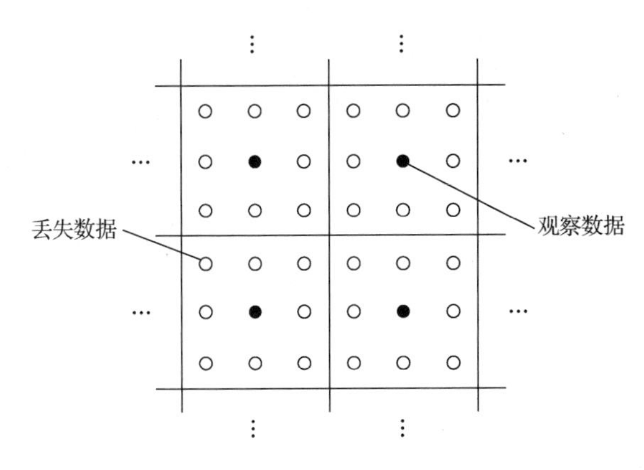

图 2.4　图像超分辨率重建中观察数据与丢失数据的位置

图 2.5 所示为一幅噪声人工合成图像［图 2.5（a）］的图像超分辨率重建结果。图 2.5(b)所示为运用零阶保持插值方法得到的具有锯齿状边缘的噪声图像。图 2.5（c）所示为运用双线性插值方法得到的更平滑但是模糊的重建图像。从图 2.5（d）中可以看出，Mumford-Shah 模型边缘平滑，图像噪声得到了很好的抑制。超分辨率重建图像中的平滑边缘是分割曲线的最小长度的直接结果，同时这种基于偏微分方程的模型成功地平滑掉了观察图像中的正弦噪声背景。显然，Mumford-Shah 模型方法在消除边缘锯齿现象、模糊现象、抑制噪声等方面要优于传统的图像超分辨率重建方法。

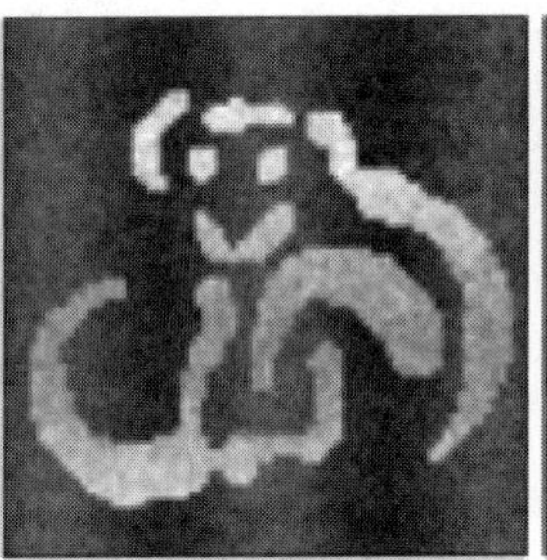

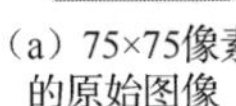

（a）75×75像素的原始图像　（b）运用零阶保持插值方法得到的225×225像素图像　（c）运用双线性插值方法得到的重建结果　（d）运用Mumford-Shah模型得到的重建结果

图 2.5　噪声人工合成图像的图像超分辨率重建结果[26]

图 2.6（a）所示为一幅有 5 根生日蜡烛的 160×160 像素的噪声黑白照片，每根蜡烛具有不同的灰度强度。图 2.6（b）所示为原始图像经零阶保持插值方法放大再各向同性平滑的重建结果。图 2.6（c）所示为原始图像首先进行各向同性的噪声平滑，然后再用零阶保持插值方法重建的结果。该图像是模糊的，因为图像边缘信息在初始平滑阶段减少了。图 2.6（d）所示为运用 Mumford-Shah 模型的重建结果。

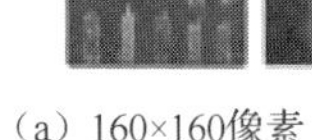

（a）160×160像素的原始图像

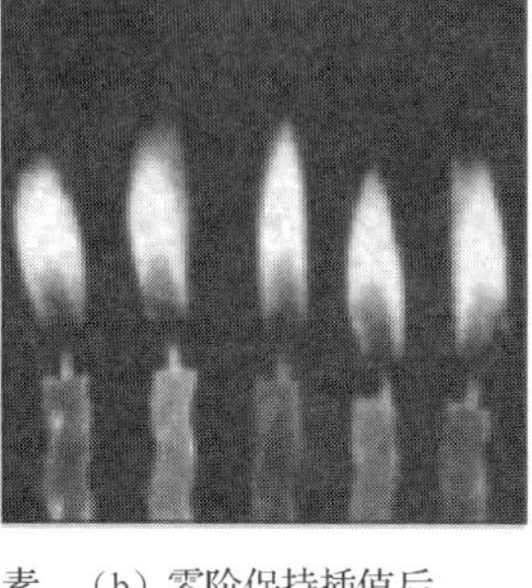
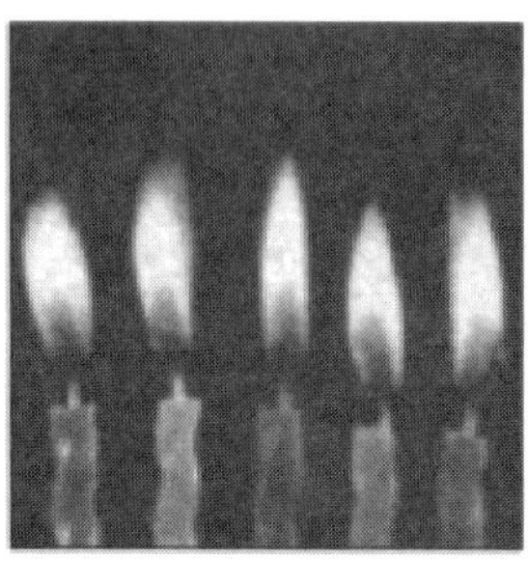

（b）零阶保持插值后平滑的图像

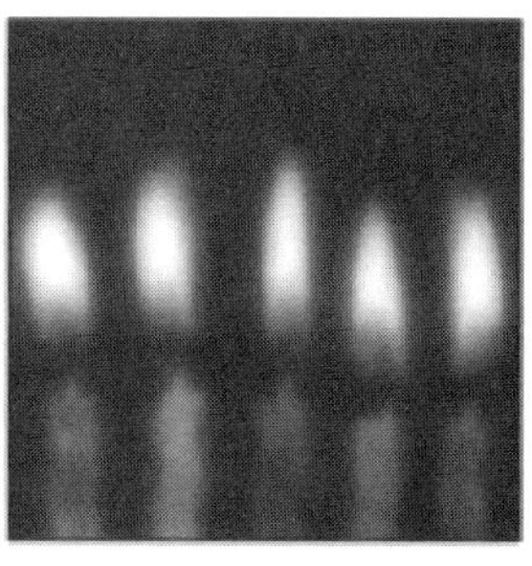

（c）先平滑后零阶保持插值的图像

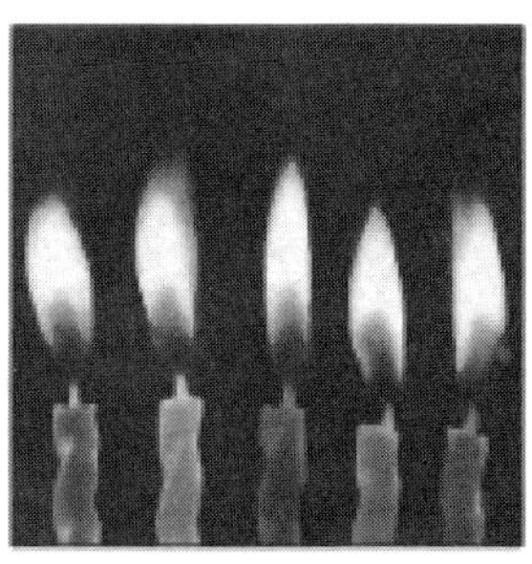

（d）运用Mumford-Shah模型的重建结果

图 2.6　自然图像放大 9 倍的结果[26]

图 2.7（b）～（d）所示为澳大利亚某峡谷区域的一幅噪声向量值图像［图 2.7（a）］的各种方法的重建结果。图 2.7（b）所示为先双线性插值后各向同性平滑的结果，图 2.7（c）所示为先各向同性平滑原始图像后双线性插值的结果，图 2.7（d）所示为运用 Mumford-Shah 模型的重建结果。

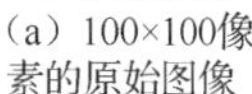

（a）100×100像素的原始图像

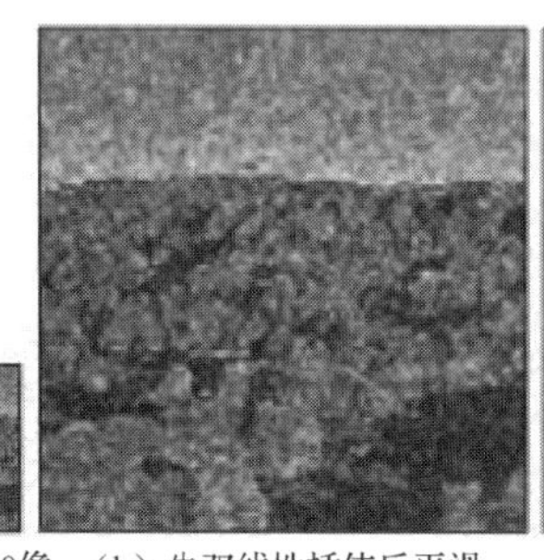

（b）先双线性插值后平滑得到的300×300像素图像

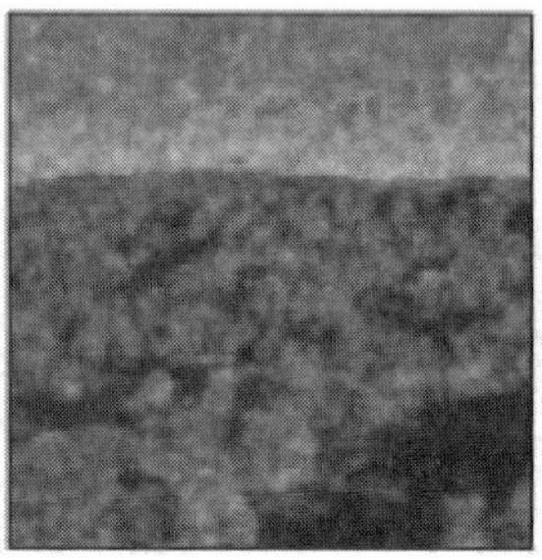

（c）先平滑后双线性插值的结果

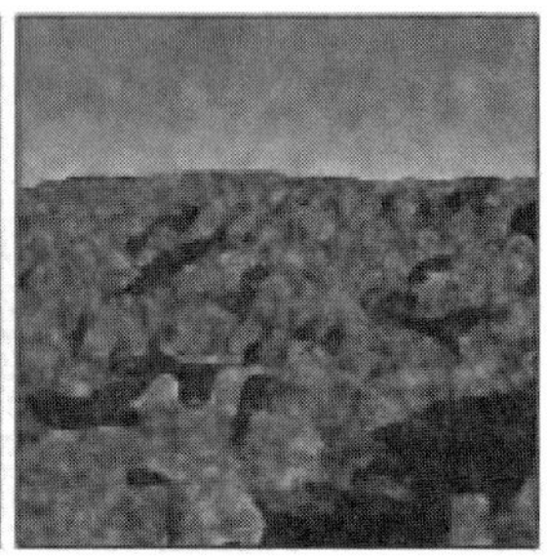

（d）运用Mumford-Shah模型的重建结果

图 2.7　自然彩色噪声图像放大 9 倍的结果[26]

2.4　非局部正则图像超分辨率重建的主要模型

图像梯度的局部性使得它不能准确指示图像的特征方向，这使得图像的纹理、细节、边缘等信息在图像重构过程中容易扭曲变形；而在图像去噪问题中，这些信息与噪声往往难以区分，与噪声一起作为高频信息被滤除。图像梯度的局部单方向信息也使得图像分割在初始位置处敏感且边缘易泄露，特别是对噪声图像。

2005 年，Buades 等[27-28]首次提出了非局部均值（nonlocal means，NLM）模型，突破了邻域滤波只进行局域滤波的限制。不同于以往的局部模型与频域算子，非局部模型是一种全局逼近的方法。通过加权某像素点邻域中的像素值，非局部模型充分利用了图像自身的空间结构信息。该模型可以同时处理光滑区域与纹理区域，最大限度地复原图像的原有细微结构。自此非局部模型成为现代数学家、计算机视觉和图像处理学者广为关注的研究领域。非局部 TV、非局部 p-Laplace 等非局部模型逐渐被提出来并应用于计算机视觉和图像处理领域。

然而，如何有效结合 PDE、变分模型本身在解决图像处理中的优势和非局部方法克服局域滤波的优点，有效地保持结果图像的结构、纹理、细节特征；如何更好地构造非局部变分模型来表示计算机视觉和图像处理中的具体问题；以及非局部模型数值方法等一系列问题亟待进一步深入研究。

非局部正则理论的研究，一方面按照从局部邻域滤波到非局部均值滤波，进而到非局部泛函的发展历程展开，另一方面从图谱理论（spectral graph theory）展开。

Yaroslavsky 等[29-30]在 1985 年、1996 年原创性地提出了邻域滤波的概念。其主要思想是对一个噪声图像 f 取平均，这种平均是对图像灰度相似的像素平均，而不是对与中心像素点相邻的点平均。干净图像 u 在点 x 处的值定义为

$$u(x)=\frac{1}{C(x)}\int_{\Omega}K(x,y,f)f(y)\mathrm{d}y,\qquad C(x)=\int_{\Omega}K(x,y,f)\mathrm{d}y \tag{2-24}$$

核函数 $K(x,y,f)$ 的选择决定了实际的滤波器:

$$K_{\mathrm{YNF1}}(x,y,f)=\begin{cases}1, & 当|f(x)-f(y)|\leqslant h\\ 0, & 当|f(x)-f(y)|>h\end{cases} \tag{2-25}$$

$$K_{\mathrm{YNF2}}(x,y,f)=\mathrm{e}^{-\frac{|f(x)-f(y)|^2}{h^2}} \tag{2-26}$$

核函数 $K(x,y,f)$ 取 K_{YNF1} 时的滤波器没有考虑灰度值大于 h 的情况，从而容易导致块状结构的出现；核函数 $K(x,y,f)$ 取 K_{YNF2} 和高斯核函数加权的滤波器称为 SUSAN 滤波器或双边滤波器。Buades、Coll 和 Morel[27-28,31]对这些滤波器进行了重大改进，提出了 NLM 滤波，其核函数为

$$\begin{cases}K_{\mathrm{NLM}}(x,y,f)=\mathrm{e}^{-\frac{G_{\sigma}*|f(x-\cdot)-f(y-\cdot)|^2(0)}{h^2}}\\ G_{\sigma}^{*}|f(x-\cdot)-f(y-\cdot)|^2(0)=\int_{\Omega}G_{\sigma}(t)|f(x+t)-f(y+t)|^2\,\mathrm{d}t\end{cases} \tag{2-27}$$

只有当 y 的窗口和 x 的窗口有相似的结构时该函数才有意义。因此，非局部均值方法在抑制噪声的同时保持自然图像中的对比度和纹理结构是很有效的。然而，这种非局部均值方法出现在滤波理论中，而不是在能量最小化和变分正则框架下使用。上述非局部滤波的变分解释于 2005 年由 Kindermann 等[32]从如下的非

局部泛函的最小化给出：

$$J(u)=\int_{\Omega\times\Omega} g\left(\frac{|f(x)-f(y)|^2}{h^2}\right) w(|x-y|)\mathrm{d}x\mathrm{d}y \tag{2-28}$$

在方程（2-28）中，取 $g(s)=\begin{cases} s, & 0\leqslant s\leqslant 1 \\ 1, & s<0\text{或}s>1 \end{cases}$、$w=1$ 就能得到核函数为 K_{YNF1} 的 Yaroslavsky 邻域滤波，取 $g(s)=1-\mathrm{e}^{-x}$ 就能得到核函数为 K_{YNF2} 的 Yaroslavsky 邻域滤波。NLM 滤波不能直接从泛函（2-28）得到，与之相类似的滤波器是一个包含卷积的泛函：

$$J(u)=\int_{\Omega\times\Omega}\left(1-\mathrm{e}^{-\frac{G_\sigma *|f(x-g)-f(y-g)|^2(0)}{h^2}}\right) w(|x-y|)\mathrm{d}x\mathrm{d}y$$

由方程（2-28）还可以得到如下一些经典的非局部泛函。

1）取 $g(s)=\dfrac{h^p}{2p}s^{\frac{p}{2}}$，可以得到与经典的 p-Laplace 泛函具有很多共同性质的非局部 p-Laplace 泛函：

$$J_{\mathrm{NLP}}(u)=\frac{1}{2p}\int_{\Omega\times\Omega}|f(x)-f(y)|^p\, w(x,y)\mathrm{d}x\mathrm{d}y \tag{2-29}$$

其广泛应用于图像超分辨率重建、静态图像的 Saliency 特征提取、图像去噪及图像分割。Andreu 等[33-34]证明了在 $p>1$ 的情况下，泛函（2-29）对应的非局部 p-Laplace 扩散方程的强解的存在性、唯一性，以及该解在函数空间 $L^\infty[0,T;L^p(\Omega)]$ 中收敛到经典的齐次 Neumann 边界条件的 p-Laplace 方程的解；$p=1$ 时与 TV 有相似的性质。

2）取 $g(s)=\dfrac{1}{4}h^2 s$，就是 Gilboa 和 Osher[35]为了避免上述泛函的非凸性而提出的加权非局部凸二次泛函：

$$J_w(u)=\frac{1}{4}\int_{\Omega\times\Omega}[f(x)-f(y)]^2 w(x,y)\mathrm{d}x\mathrm{d}y \tag{2-30}$$

为了进一步利用 NLM 方法的优点，作者把权函数 $w(x,y)$ 取为 K_{NLM}。与该泛函的 Euler-Lagrange 方程相联系的线性算子和图 Laplace 紧密相关，因此它的 Euler-Lagrange 最速下降流可以解释为非局部扩散过程，从而实现 NLM 方法的优点。方程（2-30）为图梯度算子的 L^2 范数，其 Euler-Lagrange 方程利用变分法可得

$$-\Delta_{\mathrm{NL}}u(x):=\int_{\Omega}[f(y)-f(x)]w(x,y)\mathrm{d}y=0$$

然而，该方程的解并不令人满意。这是因为图 Laplace 算子 $\Delta_{\mathrm{NL}}u(x)$ 的强光滑性不能很好地保持图像中的边缘。当 f 具有不连续点或尖锐梯度时，利用该泛函得到的重构图像具有 Gibbs 现象，即不连续点被平滑掉或者具有假振荡。该强光滑性是由于梯度的 L^p（$p=2$）范数能够使图像光滑，但是对应于边缘的梯度惩罚过多。

随后，他们在一个更一般的凸框架下给出了上述泛函的进一步推广[36]：

$$J_w(f)=\frac{1}{2}\int_{\Omega}\phi[|f(x)-f(y)|]w(x,y)\mathrm{d}x\mathrm{d}y \tag{2-31}$$

虽然泛函（2-31）提出了一个非局部正则泛函的变分框架，但是它并不能使局部正则能量系统地、连贯地扩展到非局部形式。

Zhou 和 Schölkopf [37-38]在机器学习的背景下给出了加权图上的梯度和散度，图上微积分（differential calculus on graphs）也在文献[38]、[39]中得到讨论。在这个基础上，Bougleux 等[40]定义了离散的 p-Dirichlet 算子并提出了一个用来处理图像和网格去噪的变分框架。Gilboa 和 Osher[41]把图进行连续推广，把这些离散的概念变成连续概念，提出了如下两类非局部正则泛函。

1）基于非局部梯度的泛函：

$$\begin{aligned}J_g(u)&=\int_{\Omega}\phi(|\nabla_w f|^2)\mathrm{d}x\\&=\int_{\Omega}\phi\left(\int_{\Omega}[f(x)-f(y)]^2w(x,y)\mathrm{d}y\right)\mathrm{d}x\end{aligned} \tag{2-32}$$

2）基于差的非局部泛函：

$$J_d(u)=\int_{\Omega\times\Omega}\phi[(f(x)-f(y)]^2w(x,y)\mathrm{d}x\mathrm{d}y \tag{2-33}$$

式中，函数 $\phi:R^+\to R^+$ 是一个非负凸函数，$\phi(0)=0$。

在这两类非局部正则中，取 $\phi(s)=\sqrt{s}$，将得到两类非局部 TV 正则，分别对应于局部的各向同性 TV 和各向异性 TV 正则。第二类非局部正则的数值方法易于实现，可以从图-切割技术（graph-cuts）[42-43]方法探索相应的方法；而第一类非局部正则要相对困难得多，大批的研究人员致力于研究它的数值方法。

Gilboa 和 Osher 提出了非局部曲率［nonlocal curvature］[41]：

$$\kappa_w:=\mathrm{div}\left(\frac{\nabla_w f}{|\nabla_w f|}\right)=\int_{\Omega}[f(y)-f(x)]w(x,y)\left(\frac{1}{|\nabla_w f|(x)}+\frac{1}{|\nabla_w f|(y)}\right)\mathrm{d}y \tag{2-34}$$

式中，

$$|\nabla_w f|(q):=\sqrt{\int_{\Omega}[f(z)-f(q)]^2w(q,z)\mathrm{d}z}$$

Bougleux 等[44]和 Elmoataz 等[45]在有关图的相关概念的基础上提出了加权 p-Laplace 算子的概念，把 p=1 对应的形式称为加权曲率算子。该加权曲率算子从形式上来说就是方程（2-34）的离散形式。当然，二者的起源差异还是很大的，后者（加权的曲率算子）是离散的，它首先定义加权 p-Laplace 算子，把 p = 1 的情况定义为加权曲率算子，把 p=2 的情况定义为加权 Laplace 算子（weighted Laplace operator）。前者（Gilboa-Osher 非局部曲率）把图谱理论推广到连续域中，把非局部散度（nonlocal divergence）定义为 L^2 空间上非局部梯度的伴随算子，而非局部的 Laplace 和非局部曲率与 PDE 中的定义是一致的。在 Gilboa-Osher 的连续非局部系统和 Bougleux 的离散非局部系统中，除了曲率的概念是相对应的外，散度概念、Laplace 概念、散度定理（divergence theorem）也是相对应的。局部的中值曲率运动在图像去噪、图像超分辨率重建等领域有着很好的效果。然而，上述非局部曲率计算复杂度很高，由此带来的数值计算误差也很多，难以在实际的图像处理问题中得到广泛应用。

通过将 NLM 滤波、非局部 p-Laplace、非局部曲率、非局部泛函等嵌入图像处理的变分模型中，得到相应的极小化能量泛函；通过变分法，可以将极小化问题的求解转化为求解其相应的 Euler-Lagrange 方程，从而可归类为 PDE 图像处理领域。但是，非光滑正则项的存在给求解其 Euler-Lagrange 方程造成了很大的困难。非局部模型的数值方法就成为非局部问题的核心和重点。

NLM 方法通过利用图像的自相似及非局部的信息实现了对高斯噪声的去除，保留了更多的图像细节。但 NLM 也存在一些不足之处，对其性能造成了一定的影响，主要体现为：计算复杂度高、效率低下，选取合适的权重计算函数及相似性图像块是一个问题，需要提高方法的运行速度。Xiong 和 Yin[46]提出用权重对称和滑动平均技术来减少权重计算的时间，从而实现方法的加速。对应于 NLM 滤波，基于变分方法的非局部 TV 范数在图像恢复和图像分割中也获得了成功，但在数值实现时，由于存在非局部 TV 范数，因此计算上有一定困难。Gilboa 和 Osher 将 Chambolle[47]的“对偶投影法”（dual projection，DP）方法推广到了非局部 TV 问题中，它比梯度下降流方法快很多。2009 年 Goldstein 和 Osher[48]提出分裂 Bregman（split Bregman，SB）方法，并且 Cai 和 Jia 等[49-50]给出了 SB 方法的收敛性证明。Zhang 等[51]又将 NL-TV 模型与 SB 方法相结合，解决了 Bregman 迭代中的子问题。

图像的多通道信息对图像的处理有着重要作用，最显著的贡献就是 Weickert 等构造的图像结构张量和张量扩散模型。作为传统的局部结构分析工具，Weickert 等[52-53]构造的图像结构张量和张量扩散模型常用来估计与提取图像局部信息，如局部几何结构与方向。近几十年来，图像结构张量和张量扩散模型已成功应用于图像方向场计算、特征检测、图像增强、光流场计算、图像分割等图像处理与计算机视觉领域。然而，这些模型根据图像梯度（局部算子）的方向确定边缘点的法向和切向，进而确定各点的扩散速率，不能很好地保护图像的纹理。另外，非局部模型对图像的方向性、局部几何结构特性的刻画能力不足。因此，如何利用非局部的全局性质构造非局部的结构张量模型，从而更加精准地估计、提取诸如图像局部几何结构、方向等信息，并构造适合图像处理任务的变分 PDE 模型是一个令人期待的课题。Wu 等[54]用结构张量的 Log-Euclidean 距离代替 NLM 中的像素灰度距离。Tschumperlé 和 Brun[55] 用图像块的梯度代替迹型张量驱动 PDE 图像滤波方法[56]中的图像像素点的梯度，得到对应的张量场平滑方法。Han[57]用非局部梯度代替 Weickert 等的张量扩散模型中的（局部）梯度，构造了非局部的图像光滑模型。

本 章 小 结

本章主要介绍了偏微分方程局部正则图像处理理论的发展历史、偏微分方程局部正则进行图像处理的优点，以及局部正则图像超分辨率重建的主要模型；详细介绍了两个基于这些模型的经典的偏微分方程图像超分辨率重建方法，即基于热传导方程的模型及 Mumford-Shah 模型；随后介绍了非局部正则图像处理的起源、发展及非局部正则图像超分辨率重建的主要模型。

参 考 文 献

[1] JAIN A K.Partial differential equations and finite-difference methods in image processing, part I: image representation[J]. Journal of Optimization Theory and Applications, 1977(23):65-91.

[2] GABOR D. Information theory in electron microscopy[J]. Laboratory Investigation; A Journal of technical Methods and Pathology, 1965(14):801-807.

[3] KOENDERINK J. The structure of image[J]. Biological Cybernetics, 1984(50):363-370.

[4] WITKIN A P.Scale space filtering[C]//Proceedings of the International Joint Conference on Artificial Intelligence, Karlsruhe Germany, 1983: 1019-1021.

[5] HUMMEL R A.Representations based on zero-crossings in scale-space[J]. Readings in Computer Vision, 1987: 753-758.

[6] PERONA P, MALIK J. Scale-space and edge detection using anisotropic diffusion[J]. IEEE Transactions on PAMI, 1990, 12(7):629-639.

[7] OSHER S, RUDIN L I.Feature-oriented image enhancement using shock filters[J]. SIAM Journal on Numerical Analysis, 1990, 27(4):919-940.

[8] RUDIN L, OSHER S J, FATEMI E. Total variation based image restoration with free local constrains[C]. Proceedings of 1st, International Conference on Image Processing 1994, 1:31-35.

[9] RUDIN L, OSHER S, FATEMI E. Nonlinear total variation based noise removal algorithms[J]. Physica D: Nonlinear Phenomena, 1992 (60): 259-268.

[10] ALVAREZ L, GUICHARD F, LIONS P L. Axioms and fundamental equations in image processing[J]. Archive for Rational Mechanics and Analysis, 1993, 123(3): 199-257.

[11] GUICHARD F, MOREL J M. Image analysis and PDEs[R]. IPAM GBM Tutorial, 2001.

[12] PERONA P, MALIK J. Scale-space and edge detection using anisotropic diffusion[J]. IEEE Transactions on Pattern Analysis and Machine Intelligence, 1990,12(7):629-639.

[13] BELAHMIDI A, GUICHARD F. A partial differential equation approach to image zoom[C]//Proceedings of the 2004 International Conference on Image Processing (ICIP 2004), Singapore, IEEE Computer Society Press, 2004(1): 649-652.

[14] BELAHMIDI A. PDEs applied to image restoration and image zooming[D]. Paris Universite de Paris XI Dauphine, 2003.

[15] WITTMAN T C. Variational approaches to digital image zooming[D]. Minnesota, Department of Mathematics, University of Minnesota, 2006.

[16] MUMFORD D, SHAH J. Optimal approximations by piecewise smooth functions and associated variational problems[J]. Communications on Pure and Applied, 1989(42): 577-685.

[17] AMBROSIO L. A compactness theorem for a new class of functions of bounded variation[J]. Bollettino della Unione Matematica Italy, 1989(3): 857-881.

[18] CHAN J F, SHEN J. Image processing and analysis: variational, PDE, wavelet, and stochastic methods[M]. Philadelphia PA: SIAM Press, 2005.

[19] EVANS L. Partial differential equations[M]. Providence RI: AMS Press, 2000.

[20] CHAN T F. SHEN J. Mathematical models for local nontexture inpaintings[J]. SIAM Journal on Applied Mathematics, 2002(62): 1019-1043.

[21] CHAN T F, KANG S H. Error analysis for image inpainting problems[J]. Journal of Mathematical Imaging and Vision, 2006, 26(1-2):85-103.

[22] BERTALMIO M, BERTOZZI A, SAPIRO G. Navier-Stokes, fluid dynamics, and image and video inpainting[C]//Proceedings of the 2001 IEEE Computer Society Conference on Computer Vision and Pattern Recognition, 2001: 355-362.

[23] AMBROSIO L, TORTORELLI M. Approximation of functional depending on jumps by elliptic functional via Γ-convergence[J]. Communications on Pure and Applied Mathematics, 1990(43): 999-1036.

[24] BRAIDES A. Γ-convergence for beginners[R]. Oxford Lecture Series in Mathematics, 2002.

[25] ESEDOGLU S, SHEN J. Digital inpainting based on the Mumford-Shah-Euler image model[J]. European Journal of Applied Mathematics, 2002(13): 353-370.

[26] TSAI A, YEZZI A, WILLSKY A S. Curve evolution implementation of the Mumford-Shah functional for image segmentation, denoising, interpolation, and magnification [J]. IEEE Transactions on Image Processing, 2001, 10(8):1169-1186.

[27] BUADES, COLL B. MOREL J M. A review of image denoising algorithms, with a new one[J]//Multiscale Modeling and Simulation, 2005, 4(2): 490-530.

[28] BUADES, COLL B, MOREL J M. A non-local algorithm for image denoising[C]//IEEE International Conference on Computer Vision and Pattern Recognition, 2005.

[29] YAROSLAVSKY L P. Digital picture processing: an introduction[M]. Springer Verlag, 1985.

[30] YAROSLAVSKY L P, EDEN M. Fundamentals of digital optics[M]. Birkhäuser, Boston, 1996.

[31] BUADES, COLL B. MOREL J M. On image denoising methods[J]. SIAM Multiscale Modeling and Simulation, 2005, 4(2): 490-530.

[32] KINDERMANN S, OSHER S, JONES P. Deblurring and denoising of images by nonlocal functionals[J]. Multiscale Modeling and Simulation, 2005, 4(4): 1091-1115.

[33] ANDREU F, MAZÓN J, ROSSI J, et al. A nonlocal *p*-Laplacian evolution equation with neumann boundary conditions[J]. Jouranl de Mathématiques Pures et Appliquées 90, 2008: 201-227.

[34] ANDREU F, MAZÓN J M, ROSSI J D, et al. Local and Nonlocal Weighted p-Laplacian Evolution Equations[J]. Publicacions Mathématiques, 2011, 55(1):1-260.

[35] GILBOA G, OSHER S. Nonlocal linear image regularization and supervised segmentation[J]. Multiscale Modeling and Simulation, 2007, 6(2): 595-630.

[36] GILBOA G, DARBON J, OSHER S, et al. Nonlocal convex functionals for image regularization[J]. CAM Report 06-57, UCLA, 2006: 163, 166.

[37] ZHOU, SCHÖLKOPF B. Regularization on discrete spaces, In Pattern Recognition[C]//Proceedings of the 27th DAGM Symposium, Berlin, Germany, Springer, 2005, 361-368.

[38] ZHOU, SCHÖLKOPF B. A regularization framework for learning from graph data[C]//Proceedings of the ICML Workshop on Statistical Relational Learning and Its Connections to Other Fields Banff, Alberta, 2004: 132-137.

[39] FRIEDMAN J, TILLICH J P. Wave equations for graphs and the edge-based Laplacian[J]. Pacific Journal of Mathematics, 2004, 216(2): 229-266.

[40] BOUGLEUX S, ELMOATAZ A, MELKEMI M. Local and nonlocal discrete regularization on weighted graphs for image and mesh processing[J]. International Journal of Computer Vision, 2009(84): 220-236.

[41] GILBOA, OSHER S. Nonlocal operators with applications to image processing[J]. Multiscale Modeling and Simulation, 2008, 7(3): 1005-1028.

[42] BOYKOV Y, VEKSLER O, ZABIH R. Fast approximate energy minimization via graph cuts[J]. IEEE Transactions on Pattern Analysis and Machine Intelligence, 2001, 23(11): 1222-1239.

[43] KOLMOGOROV V, ZABIH R. What energy functions can be minimized via graph cuts?[J]. IEEE Transactions on Pattern Analysis and Machine Intelligence, 2004, 26(2): 147-159.

[44] BOUGLEUX S, ELMOATAZ A, MELKEMI M. Discrete regularization on weighted graphs for image and mesh filtering[C]//Proceedings of the 1st International Conference on Scale Space and Variational Methods in Computer Vision, LNCS 4485, Springer, 2007, 163: 128-139.

[45] ELMOATAZ A, LEZORAY O, BOUGLEUX S. Nonlocal discrete p-Laplacian driven image and manifold processing[J]. Comptes Rendus Mecanique Gleux, 2008, 336(5): 428-433.

[46] XIONG B, YIN Z. A Universal denoising framework with a new impulse detector and nonlocal means[J]. IEEE Transactions on Image Processing, 2012, 21(4): 1663-1675.

[47] CHAMBOLLE A. An algorithm for total variation minimization and applications[J]. Journal of Mathematical Imaging and Vision, 2004, 20(1-2):89-97.

[48] GOLDSTEIN T, OSHER S. The split Bregman method for Ll-regularized problems[J]. SIAM Journal on Imaging Sciences, 2009, 2: 323-343.

[49] CAI F, OSHER S, SHEN Z. Split Bregman methods and frame based image restoration[J]. Multiscale Modeling and Simulation, 2009, 8(2): 337-369.

[50] JIA R Q, ZHAO H, ZHAO W. Convergence analysis of the Bregman method for the variational model of image denoising[J]. Applied and Computational Harmonic Analysis, 2009, 27: 367-379.

[51] ZHANG X, BURGER M, BRESSON X, et al. Bregmanized nonlocal regularization for deconvolution and sparse reconstruction[J]. SIAM Journal on Imaging Sciences, 2010, 3: 253-276.

[52] WEICKERT J. Anisotropic diffusion in image processing[M]. Stuttgart: Teubner Verlag, 1998.

[53] BROX T, WEICKERT J, BURGETH B, et al. Nonlinear structure tensor[J]. Image and Vision Computing, 2006, 24(1): 41-55.

[54] WU X, XIE M, WU W, et al. Nonlocal mean image denoising using anisotropic structure tensor[J]. Advances in Optical Technologies, 2013: 1-6.

[55] TSCHUMPERLÉ D, BRUN L. Non-local image smoothing by applying anisotropic diffusion PDE's in the space of patches[C]//2009 16th IEEE International Conference on Image Processing (ICIP), Cairo, 2009: 2957-2960.

[56] TSCHUMPERLÉ D, DERICHE R. Vector-valued image regularization with PDE's:a common framework for different applications[J]. IEEE Transactions on Pattern Recognition and Machine Intelligence, 2005, 27(4): 506-517.

[57] HAN Y. Image de-noising based on nonlocal diffusion tensor, information assurance and security[C]//5th International Conference on Information Assurance and Security, Xi'an, 2009: 501-504.

第 3 章　局部正则超分辨率重建方法

图像超分辨率重建的方法可以分为基于非模型的方法与基于模型的方法。基于非模型的方法采用线性或非线性基函数（或插值核）来逼近、刻画源图像；而基于模型的方法则通过模拟成像过程建立相应的数学模型，并用正则化方法表示图像先验约束。从正则化所用的工具来看，重建方法又可分为基于偏微分方程的方法、能量变分方法、基于小波的方法、机器学习方法、统计/概率方法等。本章只讨论基于偏微分方程和能量变分在图像重建方面的两种方法。在基于偏微分方程的图像重建方法中，常用的偏微分方程是热传导方程、Perona-Malik 各向异性扩散方程、Navier-Stokes 方程、中值曲率驱动方程等。能量变分法包括总变分法（total variation，TV）、Mumford-Shah 方法等。

3.1　等强度线连续图像超分辨率重建

消除重建图像中的锯齿现象并抑制其他人工虚像的出现是图像重建的一类重要问题。例如，Cha 等[1]把偏微分方程的总变分能量模型运用到线性插值方法的后处理过程中，去除重建图像中的棋盘格效应；Belahmidi 等[2]提出一个基于经典热传导方程模型的超分辨率重建方案，用于消除重建图像边缘的锯齿现象；Malgouyres 等[3]将 TV 能量模型运用到图像超分辨率中，较好地增强了图像边缘；Aly 等[4]提出一个基于观测模型的 TV 超分辨率方法，通过保持图像等强度线的连续性来消除锯齿现象。

通过对梯度角约束与等强度线连续性关系的研究，本节提出了一个具有更强连续性的梯度角约束条件。由该约束条件导出的正则化方程具有平滑图像轮廓，同时保持图像空间梯度方向的强度变换的性质，从而很好地消除了重建图像中的锯齿现象。

3.1.1　传统的等强度线连续性约束

1. TV 正则化方法

设 f 是理想的高分辨率图像，g 是观察的低分辨率图像，则理想高分辨率图

像和低分辨率图像之间的关系可描述为

$$g = Hf \tag{3-1}$$

式中，H 为滤波和降采样算子。

图像超分辨率重建就是根据方程（3-1）从 g 获得 f 的估计 $\hat{f}$ ，而众所周知这是一个病态逆问题。解决病态问题的基本思想是在正则化的框架下把方程（3-1）表示成一个最优化问题来解决。这里需要两个价值函数：一个是对高分辨率图像的外部约束，即数据保真函数 $J_{\mathrm{d}}(f,g)$ ，用来惩罚估计的高分辨率图像与观察的低分辨率图像的不一致；另一个是正则化因子 $J_{\mathrm{s}}(f)$ ，用来表示先验约束。因此，高分辨率图像的估计 $\hat{f}_1$ 可由下式获得：

$$\hat{f}_1 = \arg\min_{f}\{J_{\mathrm{d}}(f,g) + \lambda J_{\mathrm{s}}(f)\} \tag{3-2}$$

式中，λ 为正则化参数，控制 J_{d} 与 J_{s} 之间的平衡。

在最小二乘意义下，保真函数 $J_{\mathrm{d}}(f,g)$ 可表示为 $J_{\mathrm{d}}(f,g)= 1/2|Hf-g|^2$。Aly 等考虑如下的变分正则化因子：$J_{\mathrm{s}}(f)=\int|\nabla f(x)|\mathrm{d}x$，其中 x 是图像坐标。此时，式（3-2）变为

$$\hat{f}_1 = \arg\min_{f}\left\{\frac{1}{2}\left|Hf-g\right|^2 + \lambda\int\left|\nabla f\right|\mathrm{d}x\right\} \tag{3-3}$$

下面讨论运用水平集运动方法求解方程（3-3）。考虑随时间形变（演化）的曲线，设 $C(p,t): S^1\times[0,T)\to R^2$ 是一簇闭曲线，p，t 参数化这簇曲线。曲线的演化满足下面的偏微分方程：

$$\frac{\partial C(p,t)}{\partial t} = \beta(p,t)\boldsymbol{N}(p,t) \tag{3-4}$$

式中，$\boldsymbol{N}(p,t)$ 为单位内法方向；β 为沿法方向的速度。

方程（3-4）表示曲线沿着单位法方向以速度 β 进行形变。现在用一个嵌入函数 $\Psi(x,t): R^2\times[0,T)\to R$ 表示这条曲线：

$$C(x,t) = \{(x,t): \Psi(x,t) = k\}$$

式中，$k\in R$ ，为一个已知常数。

与方程（3-4）对应的演化方程由下式给出：

$$\frac{\partial \Psi(x,t)}{\partial(t)} + v(x,t)\left|\nabla \Psi(x,t)\right| = 0 \tag{3-5}$$

式中，v 为沿法方向曲线轮廓演化的速度；t 为人工时间参数。

一幅图像可以由它的等强度线来描述，因此一幅图像是它自己水平集的汇集（collection）。一幅图像随时间的演化方程由方程（3-5）给出。因此，方程（3-3）的水平集解就是通过对图像水平集的运动特征进行控制，让它朝着需要的方向演化，最终获得这样一幅高分辨率图像：在图像平坦区域的噪声消失，同时图像中小物体的边缘得到保持。由以上的水平集运动知识可知，运用水平集运动方程（3-5）求解方程（3-3）的核心是探索图像沿水平集轮廓法线方向的运动形式。由方程（3-3）可知，运动速度 v 应是两种不同运动的速度的合速度：一种速度是依赖于图像本身的几何特征的速度 v_{s}，由图像的正则化因子 J_{s} 控制；另一种速度是依赖于图像位置的速度 v_{d}，由低分辨率图像强加在高分辨率图像上的外部空间约束 J_{d} 控制。

运用欧拉方程，正则化因子 $J_{\mathrm{s}}(f)$ 的极小值是如下非线性抛物型方程的稳定状态解：

$$f_t = \kappa = \operatorname{div}\left(\frac{\nabla f}{|\nabla f|}\right) \tag{3-6}$$

式中，$\kappa = \dfrac{f_y^2 f_{xx} - 2 f_x f_y f_{xy} + f_x^2 f_{yy}}{\left(f_x^2 + f_y^2\right)^{3/2}}$，为欧氏曲率。

$-\lambda\kappa$ 作为正则化因子控制的速度 v_{s}。v_{d} 是由数据保真函数 $J_{\mathrm{d}}(f,g)$ 进行控制。这种控制是数据保真函数 $J_{\mathrm{d}}(f,g)$ 通过低分辨率图像 g，以及滤波和采样算子 H 的性质强加到高分辨率图像 f 上的，因此它是依赖于图像位置的。这种依赖于轮廓位置的运动可以看作在数据约束下的投影，形式如下[5]：

$$v_{\mathrm{d}}(x,t) = \frac{H^{-1}[Hf(x,t) - g]}{|\nabla f(x,t)|} \tag{3-7}$$

式中，H^{-1} 是 H 算子的逆算子，表示上采样算子。

由此，方程（3-3）的解 $\hat{f}_1$ 是如下方程的稳定状态解：

$$\frac{\partial f(x,t)}{\partial(t)} + v(x,t)|\nabla f(x,t)| = 0 \tag{3-8}$$

式中，$v(x,t) = v_{\mathrm{s}}(x,t) + v_{\mathrm{d}}(x,t)$。其中：

$$v_{\mathrm{d}}(x,t) = \frac{H^{-1}[Hf(x,t) - g]}{|\nabla f(x,t)|}$$

$$v_{\mathrm{s}}(x,t) = -\lambda\kappa(x,t)$$

由此，基于模型的图像超分辨率重建迭代演化方程为

$$f_t = \lambda\kappa|\nabla f| + H^{-1}(Hf - g) \tag{3-9}$$

方程（3-9）中的第一项是方程（3-3）中正则项（第二项）的极小值，它使能量扩散沿着与梯度正交的方向（等强度线方向）进行，结果是使图像保持边缘位置和强度变换，并保持等强度线方向的连续性（沿轮廓方向平滑），从而消除图像边缘的锯齿效应。另外，这一项不含有沿着空间梯度方向上的能量扩散项，在一定程度上减小了图像边缘模糊。

2. 等强度线上局部像素平均

为了获得平滑的图像轮廓，消除线性插值方法引起的锯齿现象，一个有效的方法是使重建的图像具有连续的等强度线。设 f 是待重建的高分辨率图像。等强度线连续的条件就是使 x_0 与那些和它在同一等强度线上的像素具有相同的灰度值，这可以让 $f(x_0)$ 取其等强度线上像素的平均值来近似实现[6]，即

$$f(x_0)=\frac{1}{2}[f(x_0+h\boldsymbol{D}^{\perp}f)+f(x_0-h\boldsymbol{D}^{\perp}f)] \tag{3-10}$$

式中，$\boldsymbol{D}^{\perp}f$ 为与图像梯度向量 $\boldsymbol{D}f$ 正交的向量。

把 $f(x_0+h\boldsymbol{D}^{\perp}f)$、$f(x_0-h\boldsymbol{D}^{\perp}f)$ 在 x_0 处按 Taylor 级数展开，得

$$\begin{cases} f(x_0+h\boldsymbol{D}^{\perp}f)=f(x_0)+h\boldsymbol{D}^{\perp}f\cdot\boldsymbol{D}f(x_0)+\dfrac{1}{2}h^2D^2f(\boldsymbol{D}^{\perp}f,\boldsymbol{D}^{\perp}f)+O(h^3) \\ f(x_0-h\boldsymbol{D}^{\perp}f)=f(x_0)-h\boldsymbol{D}^{\perp}f\cdot\boldsymbol{D}f(x_0)+\dfrac{1}{2}h^2D^2f(\boldsymbol{D}^{\perp}f,\boldsymbol{D}^{\perp}f)+O(h^3) \end{cases} \tag{3-11}$$

式中，

$$\boldsymbol{D}^2f(\boldsymbol{D}^{\perp}f,\boldsymbol{D}^{\perp}f)=f_y^2f_{xx}-2f_xf_yf_{xy}+f_x^2f_{yy} \tag{3-12}$$

把方程（3-11）和方程（3-12）代入方程（3-10），令 $h\to 0$，得到下面的方程：

$$f_y^2f_{xx}-2f_xf_yf_{xy}+f_x^2f_{yy}=0 \tag{3-13}$$

根据梯度下降法，方程（3-13）的解是方程（3-6）的稳定状态解，即如下方程的稳定状态解：

$$f_t=\kappa$$

从而可知，TV 正则化因子与等强度线上局部像素平均是等价的，即 TV 正则化因子与等强度线上局部像素平均具有相同的重建效果。

3.1.2 梯度角约束保持等强度线连续

1. 局部恒定梯度角约束及其性质

由 3.1.1 小节可知，在重建过程中使图像保持等强度线的连续性可以获得光滑的物体轮廓，避免重建的图像中出现锯齿。因此，在图像超分辨率重建过程中

保持等强度线的连续性是非常重要的，它直接影响着结果图像的视觉效果。下面将看到 TV 正则化只能保持等强度线较弱的连续性。在此，考虑使用图像的梯度角来刻画图像等强度线的连续性。

一幅图像 f 在像素位置 x_0 的梯度角定义为 $\theta=\arg[\nabla f(x)]$，其值由下式决定：

$$\begin{cases}\cos\theta=\dfrac{f_x}{\sqrt{f_x^2+f_y^2}}\\ \sin\theta=\dfrac{f_y}{\sqrt{f_x^2+f_y^2}}\end{cases}\tag{3-14}$$

对视觉效果良好的图像来说，图像中物体具有光滑的轮廓，即图像的等强度线是连续的而不是锯齿状的。因此，在图像等强度线方向上的充分小范围内，各像素梯度角的变化是微小的（角、尖点处除外）。也就是说，在 x_0 像素点所在的等强度线上的充分小范围内，与它相邻像素的梯度角可以认为是不变的，即梯度角满足如下方程：

$$\theta(x_0+h\boldsymbol{D}^{\perp}f)-\theta(\boldsymbol{x}_0-h\boldsymbol{D}^{\perp}f)=0\tag{3-15}$$

其中，$\boldsymbol{D}^{\perp}f=(f_y,f_x)$。因为 $\boldsymbol{D}f=(f_x,f_y)$，向量 $\boldsymbol{D}^{\perp}f$ 与 $\boldsymbol{D}f$ 正交，故 $\boldsymbol{D}^{\perp}f=(-f_y,f_x)$。

下面说明局部恒定梯度角约束方程（3-15）与 TV 正则化因子 $\int|\nabla f|\mathrm{d}x$ 的作用是等价的。

定理 3.1　局部恒定梯度角约束方程（3-15）、TV 正则化因子、等强度线上局部像素平均三者等价。

证明：在 x_0 处按 Taylor 级数展开方程(3-15)中的 $\theta(x_0+h\boldsymbol{D}^{\perp}f)$、$\theta(x_0-h\boldsymbol{D}^{\perp}f)$ 得

$$\begin{cases}\theta(x_0+h\boldsymbol{D}^{\perp}f)=\theta(x_0)+h\nabla\theta\cdot\boldsymbol{D}^{\perp}f+O(h^2)\\ \theta(x_0-h\boldsymbol{D}^{\perp}f)=\theta(x_0)-h\nabla\theta\cdot\boldsymbol{D}^{\perp}f+O(h^2)\end{cases}\tag{3-16}$$

式中，$\nabla\theta=[\theta_x,\theta_y]$：

$$\begin{cases}\theta_x=\dfrac{\mathrm{d}\theta}{\mathrm{d}x}=\dfrac{f_xf_{xy}-f_yf_{xx}}{f_x^2+f_y^2}\\ \theta_y=\dfrac{\mathrm{d}\theta}{\mathrm{d}y}=\dfrac{f_xf_{yy}-f_yf_{xy}}{f_x^2+f_y^2}\end{cases}\tag{3-17}$$

把方程（3-16）和方程（3-17）同时代入方程（3-15），令 $h\to 0$，得到下面的方程：

$$f_y^2 f_{xx} - 2 f_x f_y f_{xy} + f_x^2 f_{yy} = 0$$

进一步：

$$\kappa = \frac{f_y^2 f_{xx} - 2 f_x f_y f_{xy} + f_x^2 f_{yy}}{(f_x^2 + f_y^2)^{3/2}} = 0 \tag{3-18}$$

而方程（3-18）和方程（3-13）的解都是方程（3-6）的稳定状态解。因此，局部恒定梯度角约束方程（3-15）与 TV 正则化因子及等强度线上的局部像素平均是等价的。证毕。

定理 3.1 说明：①等强度线上的局部恒定梯度角约束方程（3-15）与 TV 正则化因子及等强度线上的局部像素平均这三者是等价的，即等强度线上的局部恒定梯度角约束超分辨率重建与 TV 正则化因子超分辨率重建、等强度线上的局部像素平均有相同的超分辨率重建效果；②使用梯度角的变化来刻画等强度线的连续性是有效的。

但是，局部恒定梯度角约束方程（3-15）要求在图像像素的局部位置保持梯度角恒定，这使得在该局部区域等强度线成直线段，从而形成等强度线方向上振荡的图像轮廓。由定理 3.1 已证明梯度角约束方程（3-15）、TV 正则化因子、等强度线上的局部像素平均是等价的。因此，TV 正则化方法及等强度线上局部像素平均超分辨率也会在等强度线方向上形成振荡的图像轮廓，即局部恒定梯度角约束方程（3-15）与 TV 正则化及等强度线上的局部像素平均只是较弱地保持了等强度线的连续性。图 3.1 直观地显示了 TV 正则化因子作用于 Barbara 图像（放大 25 倍）的实验结果。

图 3.1　TV 正则化因子作用于 Barbara 图像（放大 25 倍）的实验结果（$\lambda = 1.0$）

从图 3.1 中可以清楚地看出在 Barbara 裤子条纹处形成的振荡边缘。为了消除边缘的这种振荡现象，Aly 等采用一种新的滤波与降采样算子（H 算子）来实现。其是由文献[7]的方法估计的，这个估计的滤波器近似于一个高斯滤波器。这种滤波器带有一定的方向性，它在某些方向上有选择地通过部分高频分量，在一定程度上减小了图像边缘宽度，形成清晰的图像边缘。但是这种滤波器会在边缘两侧产生过度强烈的灰度对比，从而在边缘两侧形成振荡现象（两条对比度过度强烈的带子）。这种新的人工虚像会形成视觉上的模糊。同时，这种滤波器也在平坦区域产生块状效应，在边缘附近的平坦区域形成虚的边缘。另外，这种滤波器也会使重建的高分辨率图像的边缘发生漂移。

2. 局部平均梯度角约束图像重建

从前面的内容可知，既要保持图像等强度线的连续性，又要避免出现振荡的边缘，最直接的方法是寻找具有更强连续性的等强度线约束形式。考虑具有更强连续性的梯度角约束形式：

$$\theta(x_0)=\frac{1}{2}[\theta(x_0+h\boldsymbol{D}^{\perp}f)+\theta(x_0-h\boldsymbol{D}^{\perp}f)] \tag{3-19}$$

在 x_0 处，$\theta(x_0+h\boldsymbol{D}^{\perp}f)$、$\theta(x_0-h\boldsymbol{D}^{\perp}f)$ 的 Taylor 级数展开式为

$$\begin{cases}\theta(x_0+h\boldsymbol{D}^{\perp}f)=\theta(x_0)+h\nabla\theta\cdot\boldsymbol{D}^{\perp}f(x_0)\\ \qquad\qquad+\dfrac{1}{2}h^2(f_y^2\theta_{xx}-2f_xf_y\theta_{xy}+f_x^2\theta_{yy})+O(h^3)\\ \theta(x_0-h\boldsymbol{D}^{\perp}f)=\theta(x_0)-h\nabla\theta\cdot\boldsymbol{D}^{\perp}f(x_0)\\ \qquad\qquad+\dfrac{1}{2}h^2(f_y^2\theta_{xx}-2f_xf_y\theta_{xy}+f_x^2\theta_{yy})+O(h^3)\end{cases} \tag{3-20}$$

式中，

$$\begin{cases}\theta_{xx}=\dfrac{\mathrm{d}\theta_x}{\mathrm{d}x}=\dfrac{1}{(f_x^2+f_y^2)^2}[(f_xf_{xxy}-f_yf_{xxx})(f_x^2+f_y^2)\\ \qquad-2(f_xf_{xy}-f_yf_{xx})(f_xf_{xx}+f_yf_{xy})]\\ \theta_{yy}=\dfrac{\mathrm{d}\theta_y}{\mathrm{d}y}=\dfrac{1}{(f_x^2+f_y^2)^2}[(f_xf_{yyy}-f_yf_{xyy})(f_x^2+f_y^2)\\ \qquad-2(f_xf_{yy}-f_yf_{xy})(f_xf_{xy}+f_yf_{yy})]\\ \theta_{xy}=\dfrac{\mathrm{d}\theta_x}{\mathrm{d}y}=\dfrac{1}{(f_x^2+f_y^2)^2}[(f_{xy}^2+f_xf_{xyy}-f_{yy}f_{xx}-f_yf_{xxy})(f_x^2+f_y^2)\\ \qquad-2(f_xf_{xy}-f_yf_{xx})(f_xf_{xy}+f_yf_{yy})]\end{cases} \tag{3-21}$$

把方程（3-20）和方程（3-21）代入方程（3-19），并令 $h\to 0$，可得

$$\begin{aligned}&(f_x^2+f_y^2)(-f_y^3f_{xxx}+3f_xf_y^2f_{xxy}-3f_x^2f_yf_{xyy}+f_x^3f_{yyy})\\&+2f_xf_y(f_{xx}-f_{yy})(f_x^2f_{yy}+f_y^2f_{xx}-3f_xf_yf_{xy})\\&+4f_xf_yf_{xy}^2(f_x^2-f_y^2)+2f_{xy}(f_y^4f_{xx}-f_x^4f_{yy})\\&=0\end{aligned} \tag{3-22}$$

为方便书写，以下记方程（3-22）的左边为 A。根据梯度下降流法，方程（3-22）的解可以通过寻求如下三阶偏微分方程的稳定状态解获得：

$$f_t = \frac{A}{(f_x^2 + f_y^2)^{5/2}} \tag{3-23}$$

仿真实验表明，这种三价偏微分方程不具有扩散的性质，即在随时间的演化过程中，它不会沿图像空间梯度方向进行扩散，从而避免了对图像边缘的模糊并保持了图像边缘的宽度。另外，为了进一步加强沿图像等强度线的连续性以获得更平滑的图像轮廓，在方程（3-23）中加入均值曲率运动项 $\kappa|\nabla f|$。同时，它使方程的数值实现更加稳定。此时，方程改写为

$$f_t = c_1 \frac{A}{(f_x^2 + f_y^2)^{5/2}} + c_2 \kappa |\nabla f| \tag{3-24}$$

式中，c_1、c_2 为正常数。

方程（3-24）右边只是图像超分辨率重建的正则项，要实现图像重建，还需要在方程（3-24）右边加上一个数据保真项，用来惩罚插值的高分辨率图像 f（$qr \times qs$ 元，q 是放大倍数）与观察的低分辨率图像 g（$r \times s$ 元）的不一致。这里采用以 $H^{-1}(Hf - g)$ 作为数据保真项，其中 H 是降采样算子。但不再对图像进一步滤波，以避免滤波器带来的图像质量的退化（如振铃、模糊等），而方程（3-24）右边的第二项本身就相当于一个等强度线方向上的滤波。降采样算子 H 计算图像 f 上 $q \times q$ 模板上的平均值，以获得相应低分辨率图像的像素值，而 H^{-1} 就是一个像素的复制过程。

这样就得到了超分辨率重建形式[8]：

$$f_t = c_1 \frac{A}{(f_x^2 + f_y^2)^{5/2}} + c_2 \kappa |\nabla f| - H^{-1}(Hf - g) \tag{3-25}$$

方程（3-25）的各阶偏导数采用中心差分形式计算就能保证数值迭代的收敛性。

3. 对比不变性

方程（3-25）中的正则项具有对比不变性，即对任何非降函数 $\varphi: R \to R$，如果由初始图像 f 获得一个解 S，那么由初始图像的对比变换图像 $\varphi(f)$ 将获得 S 的对比变换图像 $\varphi(S)$。这种重要性质使得超分辨率重建图像的几何性质只依赖于数据保真函数，即重建图像的几何性质仅依赖于初始图像的几何性质与采样过程，而不依赖于某种具体的对比变换。下面证明

$$f_t = c_1 \frac{A}{(f_x^2 + f_y^2)^{5/2}} + c_2 \kappa |\nabla f| \tag{3-26}$$

满足对比不变性。

定理 3.2　对任何非降变换函数 $\varphi: R \to R$，方程（3-26）是对比不变的。

证明：设图像 f 是方程（3-26）的一个解，下面证明 $\varphi(f)$ 也是方程（3-26）的一个解。

$\varphi(f)$ 的各阶偏导数为

$$\begin{cases} \varphi_t(f) = \varphi'(f) f_t \\ \varphi_x(f) = \varphi'(f) f_x \\ \varphi_{xx}(f) = \varphi''(f) f_x^2 + \varphi'(f) f_{xx} \\ \varphi_{xy}(f) = \varphi''(f) f_x f_y + \varphi'(f) f_{xy} \\ \varphi_{xxx}(f) = \varphi'''(f) f_x^3 + 3\varphi''(f) f_x f_{xx} + \varphi'(f) f_{xxx} \\ \varphi_{xxy}(f) = \varphi'''(f) f_y f_x^2 + \varphi''(f)(2 f_x f_{xy} + f_y f_{xx}) + \varphi'(f) f_{xxy} \end{cases}$$

其余各阶偏导数只需将变量 x 换成 y 即可。在方程（3-26）右边用 $\varphi(f)$ 代替 f，并将上式中的各阶偏导数代入，化简，可得

$$\begin{aligned} c_1 \left|\varphi'(f)\right| \frac{A}{(f_x^2 + f_x^2)^{5/2}} + c_2 \varphi'(f) \kappa \left|\nabla f\right| &= \varphi'(f) \left(c_1 \frac{A}{(f_x^2 + f_x^2)^{5/2}} + c_2 \kappa \left|\nabla f\right| \right) \\ &= \varphi'(f) f_t = \varphi(f)_t \end{aligned} \tag{3-27}$$

方程（3-27）中第一个等式成立是因为变换函数 φ 是非降的，有 $\varphi'(f) > 0$，从而 $\left|\varphi'(f)\right| = \varphi'(f)$。方程（3-27）说明 $\varphi(f)$ 也是方程（3-26）的一个解。

证毕。

3.1.3　实验结果

本小节用方程（3-25）对自然图像（Lena 图像、house 图像）、纹理图像（Barbara 图像的裤子）进行超分辨率重建，来说明提出的方法的有效性。同时，以 Aly 提供的 TV 正则方法及边缘方向插值（new edge-directed interpolation，NEDI）[9]的实验结果作为对比。首先从实验的视觉效果说明本节方法的有效性，然后采用灰度剖面图进一步说明本节方法的可靠性，用 PSNR 说明两种方法的全局性能。

1. 视觉效果

图 3.2 所示为三种方法对 128×128 像素的 Lena 图像放大 16 倍后的结果（512×512 像素）。从图 3.2 中可以看出，这三种方法都能形成光滑的物体轮廓，如 Lena 的肩膀、帽檐处。但是，TV 正则方法在图像边缘（Lena 的肩膀、帽檐、帽子上的羽毛等处）两侧产生过度强烈的对比度，虽然减小了图像边缘的宽度，但是在视觉上边缘两侧却多了两条对比强烈的带子，产生了新的人工虚像。这是

滤波与降采样矩阵 H 中的高斯近似滤波器产生的结果。在边缘两侧灰度的强烈对比也使得在 Lena 帽檐及肩膀等处出现了一条明亮的虚边缘。同时，在 Lena 的脸颊、肩膀及左边的背景中块状现象也特别明显，如图 3.2（a）所示。NEDI 方法虽然也能产生光滑的边缘，但是边缘比较模糊，如在 Lena 的肩膀及帽子上的羽毛等处，如图 3.2（b）所示。在 Lena 的面部，特别是眼眶、鼻子、嘴唇等处出现绒毛样的新的虚像，在两个眼球处出现了明显的失真。这是由于 NEDI 方法采用低分辨率图像中局部窗口内像素的统计信息估计高分辨率图像中相应窗口内像素的统计信息，这种估计必然会产生一定的误差。眼球处的失真就是这种不精确的估计的结果。同时，NEDI 方法只能以 2 的整数幂次倍进行图像插值，当放大倍数超过 2 时，这种误差的累积就会变得很严重，从而使重建图像的视觉效果急剧下降。采用本节方法，如图 3.2(c)所示，图像边缘对比适度，没有产生人工虚像，图像边缘光滑。这验证了 3.1.2 小节中“2. 局部平均梯度角约束图像重建”中的局部平均梯度角约束能够使等强度线具有更强的连续性，从而在插值图像中表现出光滑的图像轮廓。同时，从图 3.2（b）中可以看出，该方法产生的边缘比 TV 正则方法及 NEDI 方法更清晰，这是由于正则项中的三阶 PDE 不具有扩散性质，从而避免了沿着梯度方向的扩散引起的边缘模糊。从图 3.2（c）中可以看出，图像背景、Lena 面部没有块状效应，帽子上的羽毛自然，Lena 的表情生动、形象逼真，表明该方法在产生光滑而清晰的图像边缘的同时不会引入新的人工虚像，从而具有较好的视觉效果。

（a）TV 正则结果（λ=0.1）

（b）NEDI 方法结果

（c）梯度角约束方法结果（$c_1 = 0.05, c_2 = 3$）

图 3.2　三种方法对 128×128 像素的 Lena 图像放大 16 倍后的结果（512×512 像素）

图 3.3 显示了三种方法对 house 图像放大 16 倍后的结果。TV 正则方法不仅在屋檐（边缘）处产生过度强烈的灰度对比，还在屋檐的下部产生了一条黑色的带子，形成强烈的视觉冲击；在屋檐与墙面重叠处出现了一条新的伪边缘（人字形灰白边缘）；另外，在右边屋檐、屋脊及图像右边出现了类似振铃现象的虚边

缘。从视觉上看，图像边缘宽度反而更宽了［图 3.3（b）］。NEDI 方法结果具有光滑边缘（屋檐处），但是具有明显的模糊现象［图 3.3（c）］。另外，在屋檐外的有些地方及图像的四边处图像视觉质量严重退化，这是由如前所述的统计信息估计误差形成的。采用梯度角约束方法，屋檐处的边缘更接近于原始图像的边缘，清晰而光滑。整个重建图像没有振铃现象出现，墙面与屋顶纹理自然［图 3.3（d）］。

（a）原始的低分辨率图像

（b）TV 正则结果（λ=0.05）

（c）NEDI 插值结果

（d）梯度角约束方法结果（c_1 = 0.0005, c_2= 0.5）

图 3.3　三种方法对 house 图像放大 16 倍后的结果

图 3.4 所示为三种方法对 Barbara 裤子放大 16 倍后的结果。在图 3.4(b)中，TV 正则方法使裤子条纹黑白对比过分强烈，对人眼形成强烈刺激，这种强烈的灰度对比使得裤子条纹看起来非常模糊。从图 3.4（c）中可以看出，NEDI 方法在斜边缘处产生了图 3.2(b)中的绒毛样虚像，且在图像四边处严重失真。梯度角约束方法使得条纹的边缘比图 3.4（b）和（c）中的条纹边缘对比度更恰当，裤子的条纹看起来光滑、清晰，而且黑白对比与原始的低分辨率图像相吻合［图 3.4（d）］。

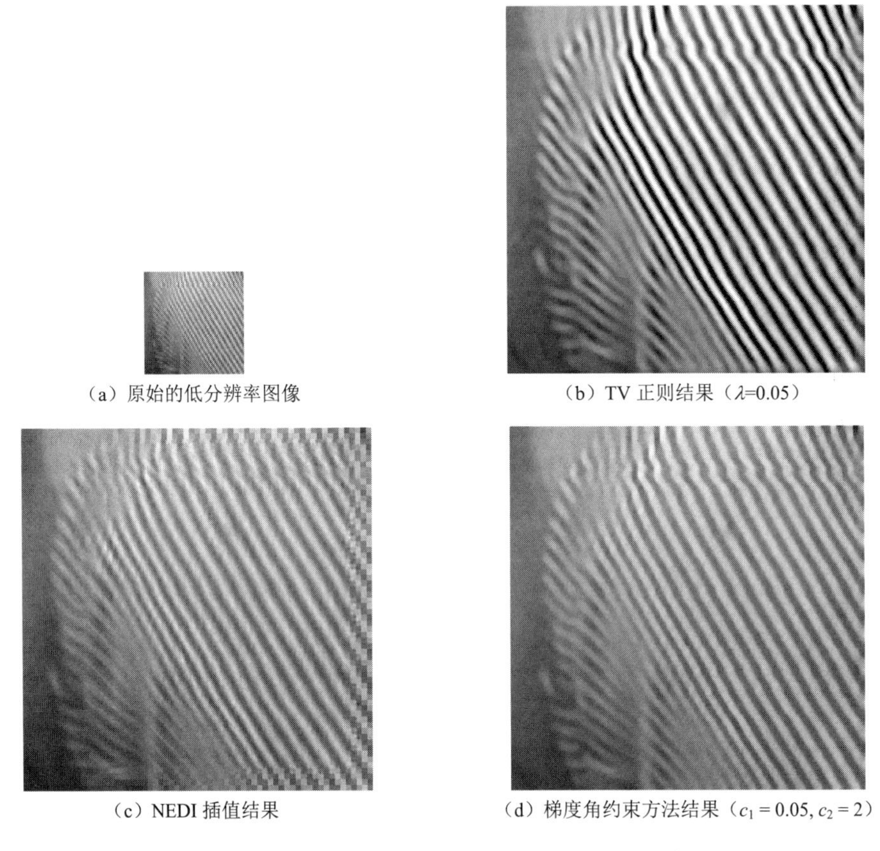

（a）原始的低分辨率图像　（b）TV 正则结果（λ=0.05）

（c）NEDI 插值结果　（d）梯度角约束方法结果（$c_1 = 0.05, c_2 = 2$）

图 3.4　三种方法对 Barbara 裤子放大 16 倍后的结果

2. 图像边缘灰度剖面图

灰度剖面图可以准确地反映图像在重建过程中边缘是否发生偏移及图像边缘斜坡的形状。用灰度剖面图可以说明这两种方法在图像边缘的差异。图 3.5（b）所示为三种方法结果在 Lena 肩膀处[图 3.5（a）中白色横线位置]的灰度剖面图。图 3.5（a）所示的原始图像是一幅 512×512 像素的 Lena 图像。从图 3.5 中可以看出，与原始图像灰度剖面图相比，TV 正则方法在边缘左右两侧产生了灰度值的振荡，这导致了人工虚像的产生，与图 3.2（a）显示的两条对比强烈的带子是一致的。另外，Lena 肩膀边缘位置明显地向左漂移。在梯度角约束方法与 NEDI 方法结果图像的灰度剖面图与原始图像的灰度剖面图能够很好地吻合，这更进一步说明梯度角约束方法实现了减小重建图像边缘的宽度，同时不会产生人工虚像。图 3.5（c）所示为三种方法结果在帽檐右侧［图 3.5（a）中白色竖线位置］的灰度剖面图。从图 3.5（c）中可以看出，TV 正则方法在帽檐边缘两侧产生了激烈的振荡，另外，TV 正则和 NEDI 方法也使边缘的斜坡形状发生了改变，如在图 3.5（c）

中横轴上区间(20, 30)对应的斜坡改变明显。另外，帽檐边缘位置[区间(30, 40)处]明显地向上漂移。梯度角约束结果与原始的图像边缘几乎重合，这与图3.2(b)反映的视觉效果一致：清晰而光滑的帽檐。

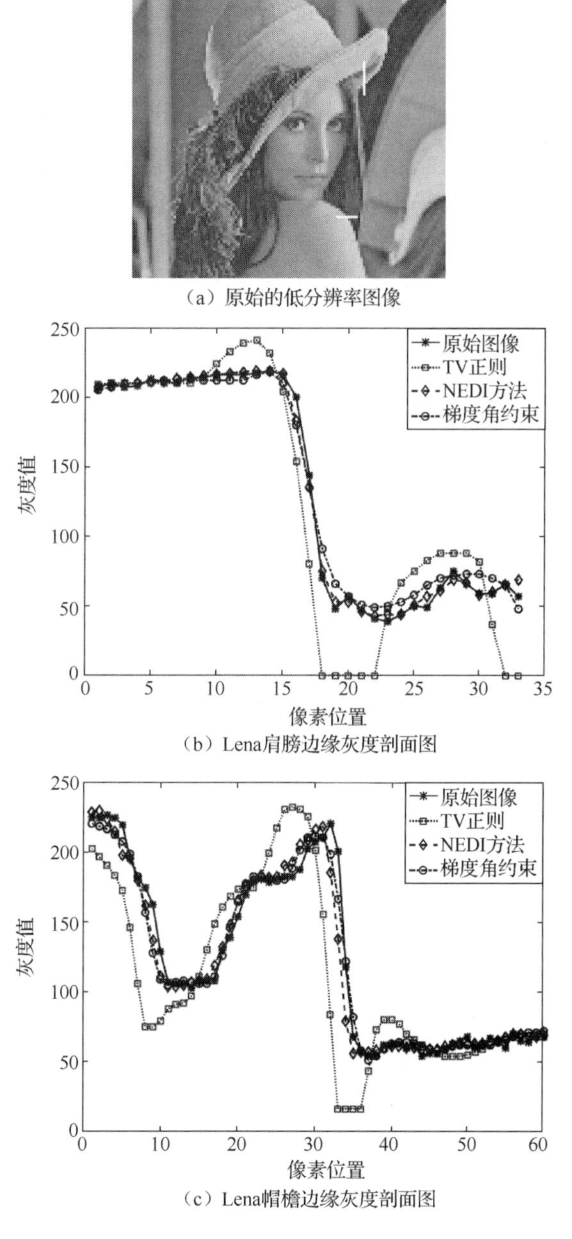

(a) 原始的低分辨率图像

(b) Lena肩膀边缘灰度剖面图

(c) Lena帽檐边缘灰度剖面图

图3.5　Lena重建图像在帽檐和肩膀处的灰度剖面图

图 3.6 所示为 house 重建图像在左边屋檐处［图 3.6（a）中白色竖线位置］的灰度剖面图。原始图像边缘的灰度剖面图数据是由原始的低分辨率图像通过计算与高分辨率相对应的像素灰度得到的，因此用于描述灰度剖面图的数据只有重建的高分辨率图像的 1/4。从图 3.6 中可以看出，TV 正则方法在边缘两侧的振荡现象［区间（10, 20）（45, 50）（52, 58）］，这在图 3.3（b）中表现出深色的边缘带，伪的屋檐边缘（投影到墙面的灰白边缘）。从图 3.6 中还可以看出，TV 正则方法与 NEDI 方法使屋檐边缘［在区间（20, 26）（35, 40）处］发生了明显的漂移。同时，从图 3.6 中可以看出，梯度角约束方法能够在正确的位置形成边缘，而且重建图像的边缘宽度与原始图像的边缘宽度几乎完全一致，与图 3.3（c）反映的清晰的图像边缘相吻合。

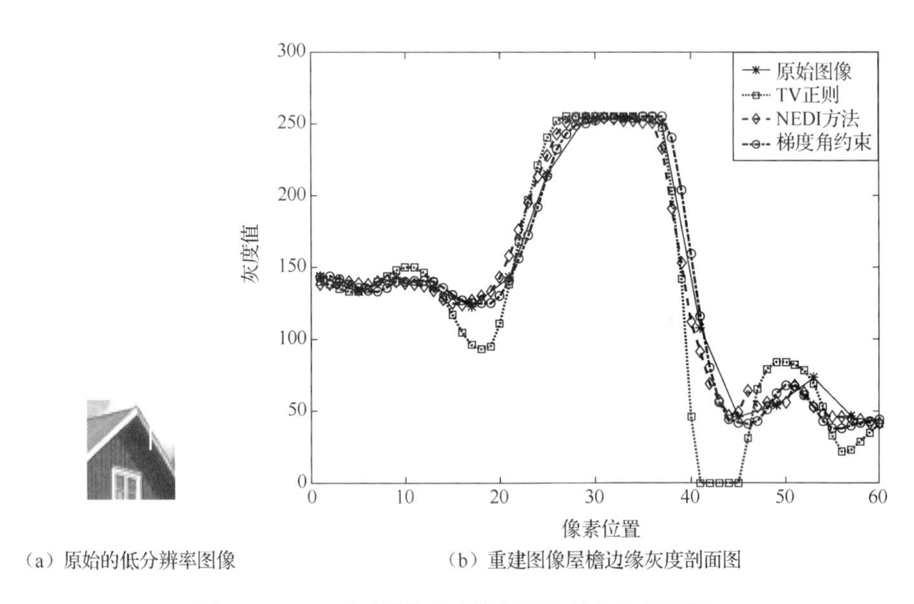

（a）原始的低分辨率图像　　（b）重建图像屋檐边缘灰度剖面图

图 3.6　house 重建图像在左边屋檐处的灰度剖面图

图 3.7 所示为重建的 Barbara 裤子条纹［图 3.7（a）中白色线段位置］的灰度剖面图。原始图像灰度剖面图的描绘与图 3.6 相同。从图 3.7 中可以看出 TV 正则方法在边缘两侧的振荡现象，而梯度角约束方法与 NEDI 方法产生合适的边缘坡度。

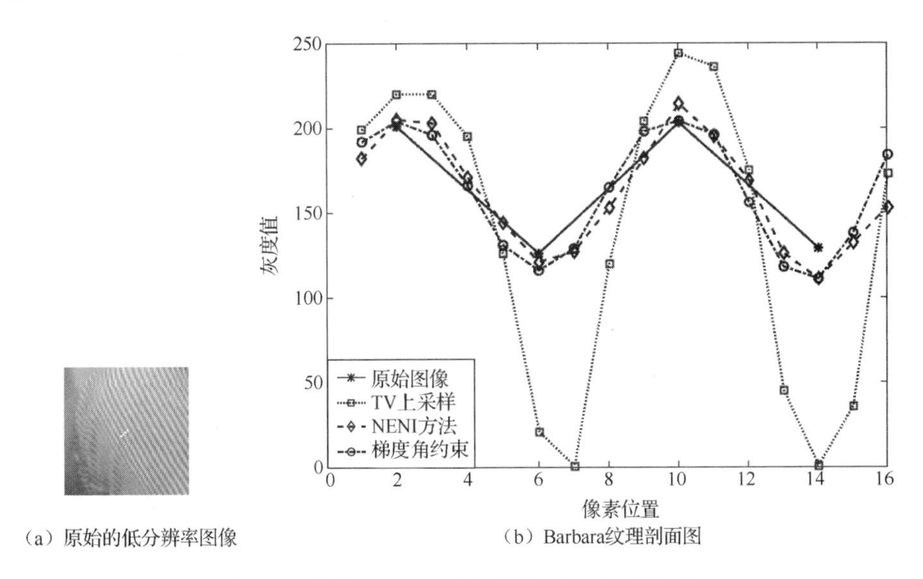

（a）原始的低分辨率图像 （b）Barbara纹理剖面图

图 3.7 重建的 Barbara 裤子条纹的灰度剖面图

3.2 抑制边缘模糊的双方向扩散方法

抑制重建图像中的边缘模糊现象是图像超分辨率重建领域中的另一个重要问题。许多文献对此提出了各种不同的解决方法，比较有代表性的有两类：非物体边缘导向的方法和基于物体边缘的方法。第一类方法大多是对多项式图像模型的改进，能达到突出边缘的目的。这类方法会在重建图像中引入虚的高频分量，从而在重建的图像中引入人工虚像，如混淆失真、明显的锯齿现象等。第二类方法则根据初始图像中物体边缘信息进行插值。虽然第二类方法能得到清晰的边缘，但是它们多数要求对边缘给出阈值，对于不同边缘阈值有不同效果；另外，在精细图像纹理区域往往会产生振荡的图像边缘，引起视觉效果的严重退化。边缘自适应重建方法是基于物体边缘的方法中的一类重要方法，这类方法不需要给出边缘阈值。然而，这类方法的缺点在于它依赖于良好的边缘估计或者边缘相关性估计，而且实现对边缘方向非常敏感。尽管自适应方法增强了图像边缘，但长边缘的清晰性并未得到解决，这些长边缘通常呈波浪形或在图像边缘处出现斑点等。另外，在以上方法中，由图像重建过程本身引起的边缘宽度放大问题也未得到解决。

本节通过减小图像边缘宽度来增强图像边缘、抑制边缘模糊，在此基础上提出一个双方向扩散图像超分辨率重建方法。这种双方向扩散在图像边缘斜坡较亮一侧进行前向扩散，而在图像边缘斜坡较暗一侧进行后向扩散，以此增加重建图像边缘中心区域的灰度对比度，在离图像边缘中心较远的区域减小灰度对比，从而减小重建图像的边缘宽度，形成陡峭的边缘。另外，这种双方向扩散能根据图像边缘特征自适应地调整前后向扩散强度，既避免在重建图像中产生虚纹理或虚边缘，又可使后向扩散被控制在一定的范围内，避免后向扩散过程的发散。

3.2.1　前后向扩散图像超分辨率重建

Gilboa 等[10]提出在噪声平滑和特征保持的同时，不必严格遵循 Minimum-Maximum 准则，可以将前向扩散和后向扩散结合起来，利用标准的后向扩散使特征（图像边缘）得到进一步加强。

以灰度图为例，假设图中每一像素的灰度值由相应数量的单位质量粒子堆积而成，Gilboa 的思想就是在图像扩散过程中，非特征点粒子向特征点粒子运动，使特征点粒子数量增加。这一过程理论上只需将扩散系数取反即可：

$$f_t = \nabla \cdot [-c(\cdot)\nabla f] \tag{3-28}$$

式中，$c(\cdot)>0$。

但在实际处理中，如果不加限制地使用后向扩散会导致扩散过程发散，信号完全丢失。所以，Gilboa 等提出需要对图像的不同区域区别对待。他们同样使用梯度作为特征检测算子，并假设图像中梯度较大位置对应强特征，噪声对其影响并不明显；同时为防止后向扩散造成的发散，这样的区域不进行任何处理。中等梯度区域视为图像特征，利用后向扩散对其进行巩固和加强，并禁止前向扩散，避免降低图像的可视性。梯度较低的部分对应噪声和同质区域，利用前向扩散进行平滑。

Gilboa 等提出的前后向扩散系数为

$$c(s) = \frac{1}{1+(s/k_{\mathrm{f}})^n} - \frac{\alpha}{1+[(s-k_{\mathrm{b}})/w]^{2m}} \tag{3-29}$$

式中，α决定前向与后向扩散的比例；k_{f}对前向扩散进行限制；k_{b}、w 决定后向扩散的范围；m、n 为正整数。

这种图像重建方法实际上是图像插值方法的后处理。该方法首先使用常用的插值方法，如双线性插值、双三次插值、三次样条插值等，把低分辨率图像 g 放大到想要的分辨率，得到图像 f_0；然后以 f_0 作为初始条件，运用方程（3-28）和方程（3-29）对图像进行前后向扩散，从而增强图像边缘。

为了得到较好的边缘增强效果，前后向扩散必须严格控制后向扩散范围。在方程（3-29）中，图像边缘增强是通过单纯的后向扩散实现的，而其前向扩散的作用是平滑噪声。如前所述，后向扩散强度要恰当控制才能避免出现方法的发散与人工虚像，所以这并不是增强图像边缘的有效方法。

3.2.2　双方向扩散图像超分辨率重建

在从低分辨率网格到高分辨率网格的重建过程中，总是伴随着边缘宽度放大，从而在重建的图像中形成模糊的边缘。图 3.8 所示为由重建过程引起的图像边缘宽度放大的情形。

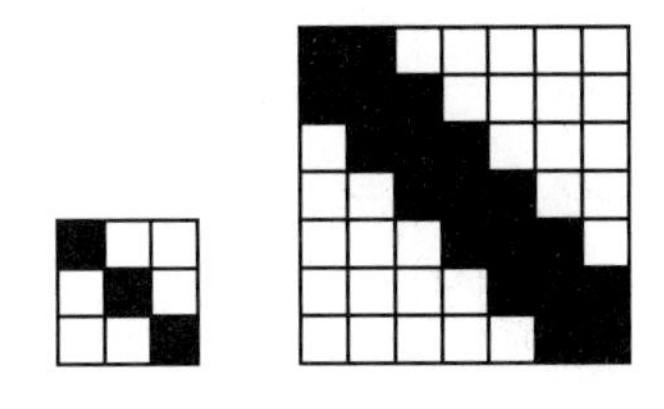

图 3.8　由重建过程引起的图像边缘宽度放大的情形

在方程（3-9）中，TV 正则化因子使图像只沿梯度正交方向扩散，使图像保持轮廓（边缘）的位置和强度变换，从而得到光滑图像边缘。但是该过程只能使图像轮廓变得光滑，消除轮廓锯齿现象，而不会减小重建图像的边缘宽度。另外，在方程（3-9）中，滤波和降采样算子 H 中的滤波器近似于一个高斯滤波器。这种滤波器带有一定的方向性，它有选择地通过部分高频分量，在一定程度上减小了图像边缘宽度。但是这种滤波器会在边缘两侧产生过度强烈的灰度对比，从而在边缘两侧产生新的人工虚像——两条对比过度强烈的带子，形成视觉上的模糊。另外，重建图像边缘也产生了漂移。因此，要获得视觉效果良好的重建图像，偏微分方程正则或变分正则不仅要能够沿图像轮廓平滑，消除锯齿现象，还要能够有效地减小图像边缘宽度，形成清晰的图像边缘，同时避免出现人工虚像。

为此，这里考虑如下图像超分辨率重建形式[11]：

$$f_t = \alpha E_{\mathrm{s}} + \beta E_{\mathrm{e}} + E_{\mathrm{f}} \tag{3-30}$$

其中：

$$\begin{aligned} E_{\mathrm{s}} &= \kappa \left|\nabla f\right| \\ E_{\mathrm{e}} &= -c\left(\left|\nabla f\right|\right)\Delta f \left|\nabla f\right| \\ E_{\mathrm{f}} &= H^{-1}(Hf - g) \end{aligned} \tag{3-31}$$

式中，$c(\cdot)$为单调递减的非负函数；Δ为 Laplace 算子；α、β 为正实数。

在方程（3-31）中，E_{s} 是平滑项，其作用是使图像沿轮廓方向进行平滑，消除边缘锯齿现象。在这里，平滑项 E_{s} 采用 TV 正则因子极小值形式；E_{e} 是增强项，用于减小重建图像边缘宽度，形成清晰的图像轮廓；E_{f} 是数据保真项，它使重建图像与原始低分辨率图像保持一致。与 TV 正则方法相比，该方法多了一项增强项，目的是减小重建图像的边缘宽度，锐化放大图像边缘。另外，方程（3-31）采用了不同于方程（3-9）的数据保真项，以消除高斯滤波对图像边缘的模糊。下面对方程（3-31）中的增强项与保真项进行说明。

1. 增强项

（1）双方向扩散

数字图像的边缘可以模拟成“类斜面”剖面，斜坡坡度与边缘的模糊程度成比例。因此，要减小图像边缘宽度，就需要使图像边缘的坡度更陡。对于一个斜坡，要使其坡度变得更陡，最直接的方法是使斜坡下半部灰度值降低，同时提高斜坡上半部灰度值，如图 3.9 所示。对于一个灰度图，假设图中每一像素的灰度值由相应数量的单位质量粒子堆积而成。在图像重建过程中，图像边缘斜坡上灰度值的增减可以看作在外力的作用下斜坡两端的粒子向斜坡中心运动，即斜坡下半部的粒子沿着斜坡向上运动，斜坡上半部的粒子沿着斜坡向下运动。经过这样运动后，在图像边缘斜坡中心区域灰度对比得到增强，形成陡峭的边缘，而在离边缘中心较远的斜坡区域灰度对比减小变得更平坦，从而运动后的边缘宽度减小。图像能量的前向扩散可以实现粒子沿斜坡向下运动，而后向扩散可以实现粒子沿斜坡向上运动。因此，图像边缘的双方向扩散可以有效地减小重建图像边缘，如图 3.10 所示（箭头指示了边缘两侧的扩散方向）。

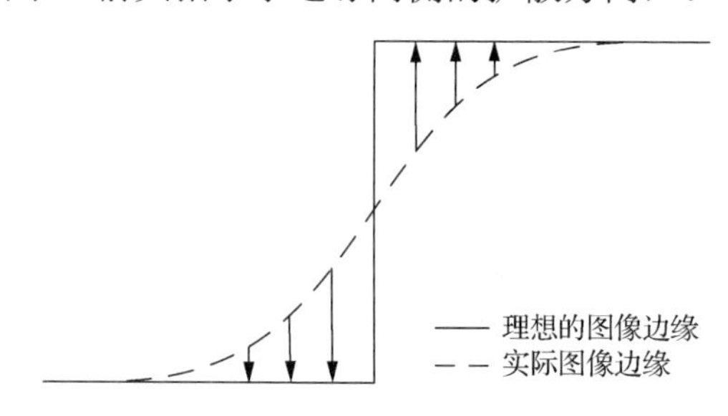

图 3.9　利用灰度值的增减实现图像边缘宽度减小

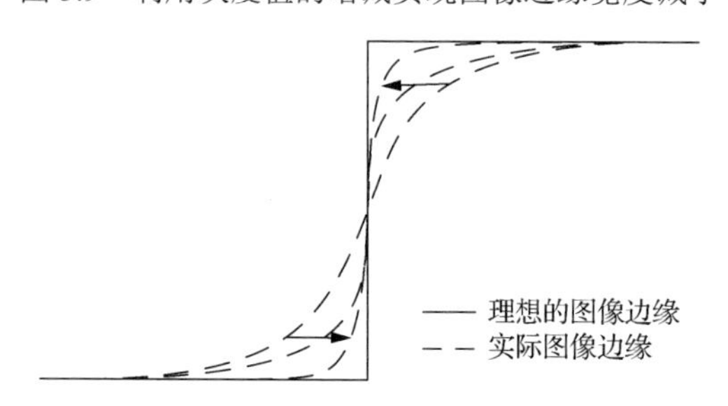

图 3.10　利用图像能量的双向扩散实现图像边缘宽度减小

基于以上思想，方程（3-31）引入了如下图像超分辨率增强项：

$$E_{\mathrm{e}} = -c\left(\left|\nabla f\right|\right)\Delta f\left|\nabla f\right| \tag{3-32}$$

式中，$c(|\nabla f|)$ 采用如下 P-M 扩散系数[12]：

$$c\left(\left|\nabla f\right|\right) = \frac{1}{1+\left(\left|\nabla f\right|/k\right)^2} \tag{3-33}$$

在方程（3-32）中，当像素位于靠近图像边缘中心较暗的一侧时，Δf 为正值，E_{e} 为负值，方程（3-32）起着后向扩散的作用，推动粒子沿斜坡向上运动；当像素位于靠近图像边缘中心较亮的一侧时，Δf 为负值，E_{e} 为正值，方程（3-32）起着前向扩散的作用，推动粒子沿斜坡向下运动。在图像增强领域，Laplace 算子 Δf 对噪声的敏感性使其应用受到限制。但是在图像超分辨率重建领域，对噪声图像的直接重建放大不可避免地会放大噪声，引起重建图像视觉效果的严重退化。所以，对于噪声图像，应先去噪然后放大。因此，在这里使用 Laplace 算子是合理的，而且利用 Laplace 算子的零交叉性质可以准确地找到图像边缘的中心位置。众所周知，后向扩散过程是病态过程，因此在使用它们时必须严格控制后向扩散的范围。由于方程（3-32）中的后向扩散只在图像边缘中心一侧进行，因此减小了后向扩散的强度。这正如图 3.10 所示，从斜坡底部把粒子推到斜坡中部要比把粒子推到斜坡顶部需要的能量较小。这就使得后向扩散的强度得到有效控制，避免后向扩散过程的发散，也避免了过度的后向扩散引起图像边缘漂移。

方程（3-33）中的 $c\left(\left|\nabla f\right|\right)$ 进一步控制双方向扩散强度。在图像边缘的斜坡上，较大的梯度（对应较陡的图像边缘）对应较小的 $c\left(\left|\nabla f\right|\right)$ 值，防止前向扩散越过边缘中心形成边缘的模糊，同时防止过度的后向扩散引起伪边缘的出现；较小的梯度对应较大的 $c\left(\left|\nabla f\right|\right)$ 值，加大前向与后向扩散，以形成较强的对比度。在图像的平坦区域，Δf、$\left|\nabla f\right|$ 都很小，E_{e} 接近 0，从而避免了在图像平坦区域出现分块效应。因此，这种双方向扩散能根据图像边缘的特征自适应地调整前后向扩散强度，从而避免在重建图像中产生虚纹理或虚边缘。

（2）与振荡滤波的比较

振荡滤波也是一种双方向扩散，广泛应用于图像增强与图像去噪。例如，Osher 和 Rudin[13]采用如下的振荡滤波实现双方向扩散，从而达到图像增强的目的：

$$f_t = -\mathrm{sign}(f_{\eta\eta})\left|\nabla f\right|$$

式中，$f_{\eta\eta}$ 为正交于梯度方向的二阶方向导数。

采用振荡滤波实现图像增强会带来以下问题。第一，对于图像边缘中心定位，$f_{\eta\eta}$ 没有 Δf 准确。图 3.11 所示为 $f_{\eta\eta}$、Δf 的符号函数图像显示。从图 3.11 中可以清楚地看出，在背景中左边的竖白条、Lena 的面部及帽子上的羽毛等地方，$f_{\eta\eta}$ 都不能很好地定位边缘中心位置。第二，振荡滤波以相同的强度进行双方向滤波，不能根据图像边缘的特征调整滤波强度，不可避免地会在图像中产生虚的纹理[14]。如前文所述，方程（3-32）的双方向扩散强度是通过 $c(|\nabla f|)$ 根据图像边缘特征进行调整的，从而克服了振荡滤波的缺陷。

（a）原始图像

（b）$f_{\eta\eta}$的符号函数图像

（c）Δf的符号函数图像

图 3.11　$f_{\eta\eta}$、Δf的符号函数图像

2. 保真项

本节中的数据保真项 E_{f} 用来惩罚插值图像 f（$qr\times qs$ 元，q 是放大倍数）与原始图像 g（$r\times s$ 元）的不一致。虽然其形式仍然采用方程（3-9）中的数据保真项形式，即

$$E_{\mathrm{f}} = H^{-1}(Hf - g) \tag{3-34}$$

但是方程（3-34）中的 H 与方程（3-9）中的 H 有着很大的不同。由于方程（3-30）中 E_s 的平滑过程本身就是一个等强度线方向上的滤波，因此方程（3-34）中的 H 算子不再包含滤波过程，以避免重复滤波带来的图像质量的退化（如出现振铃现象、模糊边缘等），即方程（3-34）中的 H 只是一个降采样算子。这里，降采样算子 H 计算图像 f 上 $q\times q$（q 是放大倍数）模板上的平均值，以获得相应原始图像像素的灰度值，而 H^{-1} 就是一个像素的复制过程，即方程（3-34）中的降采样算子 H 采用如下方法实现。

1）构造降采样矩阵 $\boldsymbol{P}$、$\boldsymbol{Q}$：

$$\boldsymbol{P}=\frac{1}{q}\begin{bmatrix} 1 & 1 & \cdots & 1 & & & & & & & & \\ & & & & 1 & 1 & \cdots & 1 & & & \boldsymbol{0} & \\ & & \boldsymbol{0} & & & & & & \ddots & & & \\ & & & & & & & & & 1 & 1 & \cdots & 1 \end{bmatrix}_{r\times qr}$$
$$\boldsymbol{Q}=\frac{1}{q}\begin{bmatrix} 1 & 1 & \cdots & 1 & & & & & & & & \\ & & & & 1 & 1 & \cdots & 1 & & & \boldsymbol{0} & \\ & & \boldsymbol{0} & & & & & & \ddots & & & \\ & & & & & & & & & 1 & 1 & \cdots & 1 \end{bmatrix}_{s\times qs}^{\mathrm{T}} \tag{3-35}$$

上述矩阵中每行 1 的个数为 q 个。

2）用矩阵 $\boldsymbol{P}$、$\boldsymbol{Q}$ 对图像中像素点的 $q\times q$ 邻域进行降采样（相当于对重建图像的局部窗口进行平均，以获得原始图像中对应像素的灰度值），并求与原始图像的误差，其对应于 $Hf-g$。

3）计算 $H^{-1}(Hf-g)$（该过程相当于最邻近插值）。

3.2.3　超分辨率重建方法

经过以上分析，本节超分辨率重建方法的最后形式为

$$f_t=\alpha\kappa\left|\nabla f\right|-\beta c\left(\left|\nabla f\right|\right)\Delta f\left|\nabla f\right|+H^{-1}(Hf-g) \tag{3-36}$$

其数值迭代形式为

$$\frac{f_{t+1}-f_t}{\Delta t}=\alpha\kappa\left|\nabla f_t\right|-\beta c\left(\left|\nabla f_t\right|\right)\Delta f_t\left|\nabla f_t\right|+H^{-1}(Hf_t-g) \tag{3-37}$$

式中，Δt 为人工时间变量步长，在本节的所有实验中 $\Delta t=0.15$。

方程（3-37）的各阶偏导数采用中心差分形式计算就能保证数值迭代的收敛性。

3.2.4　实验结果

本节用方程（3-37）对自然图像（Lena 图像、house 图像）、纹理图像（Barbara 图像的裤子）进行超分辨率重建，来说明提出方法的有效性。同时，以 Aly 提供的 TV 正则方法、前后向扩散（forward and backward diffusion，FB）方法及边缘方向（edge guided interpolation，EGI）方法[15]实验结果作为对比。首先，从实验视觉效果说明本节方法的有效性；其次，采用灰度剖面图、PSNR 进一步说明本节方法的可靠性。

1. 视觉效果

图 3.12～图 3.14 所示为四种方法对原始图像放大 16 倍后的结果。从图 3.12 中可以看出，TV 正则方法与双方向扩散方法都能形成光滑的物体轮廓，如 Lena 的肩膀、帽檐、面部等。但是 TV 正则方法在图像边缘（Lena 的肩膀、帽檐、帽子上的羽毛等处）两侧产生过度强烈的对比，虽然减小了图像边缘的宽度，但是在视觉上边缘两侧却多了两条对比强烈的带子，产生了新的人工虚像；而且，在 Lena 帽檐最右侧部分出现了一条明亮的虚边缘；同时，在 Lena 的脸颊、肩膀及左边背景中的块状现象也特别明显，如图 3.12（a）所示。从图 3.12（b）和图 3.12（c）中可以看出，EGI 方法和 FB 方法在边缘处产生明显的模糊和锯齿现象，特别是在 Lena 的肩膀、帽檐、面部边缘。另外，FB 方法也能产生清晰的边缘，但是边缘过分锐化。采用双方向扩散方法，如图 3.12（d）所示，图像边缘对比适度，没有产生人工虚像，图像边缘光滑；而且图像背景、Lena 面部没有块状效应，帽子上的羽毛自然，Lena 的表情生动、形象逼真。

（a）TV 正则方法（λ=0.1）

（b）EGI 方法

图 3.12　四种方法对原始图像放大 16 倍后的结果（一）

（c）FB 方法

（d）双方向扩散方法（α=3.5，β=1，k=5）

图 3.12（续）

在图 3.13 中，TV 正则方法不仅在屋檐（边缘）处产生过度强烈的灰度对比，而且在屋檐的下部产生了一条黑色的带子，形成强烈的视觉冲击；在屋檐与墙面重叠处出现了一条新的伪边缘（“人”字形灰白边缘）；另外，在右边屋檐、屋脊及图像右边出现了类似振铃现象的虚边缘。从视觉上看，图像边缘宽度反而更宽了［图 3.13（b）］。EGI 方法会产生模糊的屋檐、窗户［图 3.13（c）］。采用 FB 方法和双方向扩散方法，屋檐处的边缘更接近原始图像的边缘，清晰且光滑，整个重建图像没有振铃现象出现，墙面与屋顶纹理自然［图 3.13（d）和图 3.13（e）］。

在图 3.14（b）中，TV 正则方法使得裤子条纹黑白对比过分强烈，对人眼形成强烈刺激，这种强烈的灰度对比使裤子条纹看起来非常模糊；从图 3.14（c）和图 3.14（d）中可以看出，EGI 方法和 FB 方法使得裤子条纹看起来很模糊，而且 EGI 方法在裤子边缘充满了小的锯齿且不光滑；双方向扩散方法使得条纹边缘对比度更恰当，裤子的条纹看起来光滑、清晰，而且黑白对比与原始的低分辨率图像相吻合，如图 3.14（e）所示。

（a）原始图像

（b）TV 正则方法（λ=0.05）

（c）EGI 方法

图 3.13　四种方法对原始图像放大 16 倍后的结果（二）

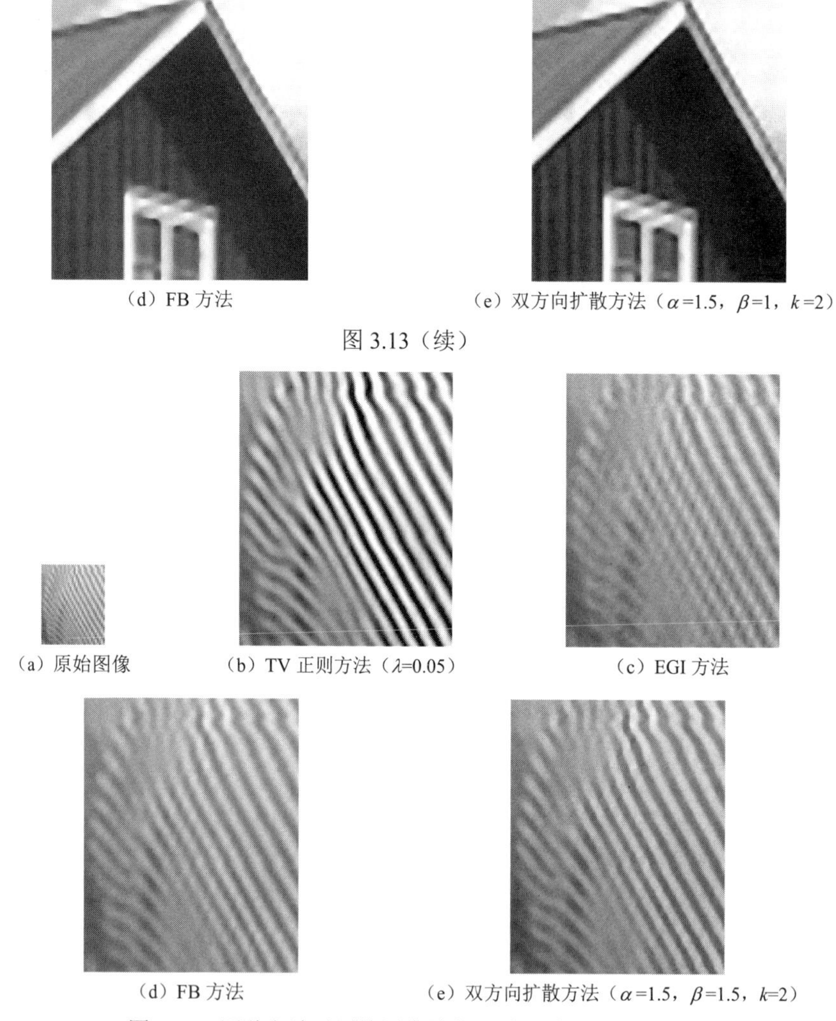

（d）FB 方法　　（e）双方向扩散方法（α=1.5，β=1，k=2）

图 3.13（续）

（a）原始图像　　（b）TV 正则方法（λ=0.05）　　（c）EGI 方法

（d）FB 方法　　（e）双方向扩散方法（α=1.5，β=1.5，k=2）

图 3.14　四种方法对原始图像放大 16 倍后的结果（三）

2. 图像边缘灰度剖面图

灰度剖面图可以准确地反映图像在重建过程中边缘是否发生偏移及图像边缘斜坡的形状。这里用灰度剖面图来说明四种方法在图像边缘的差异。图 3.15 所示为四种方法的重建结果在 Lena 肩膀处［图 3.15（a）中白色横线位置］的灰度剖面图。图 3.15（a）所示的原始图像是一幅 512×512 像素的 Lena 图像。从图 3.15 中可以看出，与原始图像灰度剖面图相比，TV 正则方法在边缘左右两侧产生了灰度值的振荡现象，这导致了人工虚像的产生，与图 3.12（a）所示的两条对比强烈的带子是一致的。EGI 方法、FB 方法和双方向扩散方法的边缘灰度剖面图更接近于原始图像的剖面图，但是双方向扩散方法的灰度剖面图与原始图像的灰度剖面图吻合得更好。图 3.15（c）所示为四种方法结果在帽檐边缘［图 3.15（a）中白色竖线位置］的灰度剖面图。从图 3.15（c）中可以看出，TV 正则方法除了在帽檐边缘两侧产生了激烈的振荡现象之外，也使边缘斜坡形状发生了改变，如在图 3.15（c）中横轴上区间（20, 30）对应的斜坡改变明显。另外，TV 正则方法和 EGI 方法都使边缘位置明显地向上漂移。双方向扩散方法和 FB 方法都与原始的图像边缘几乎重合，这与图 3.12（c）和图 3.12（d）反映的视觉效果一致：清晰且光滑的帽檐。这更进一步说明双方向扩散方法实现了减小重建图像边缘的宽度，同时不会产生人工虚像。

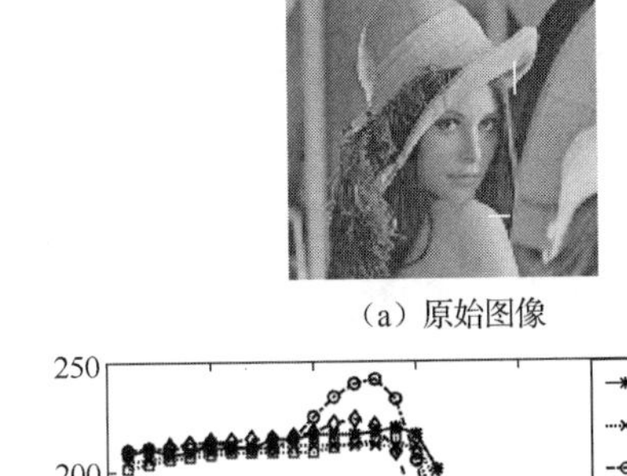

（a）原始图像

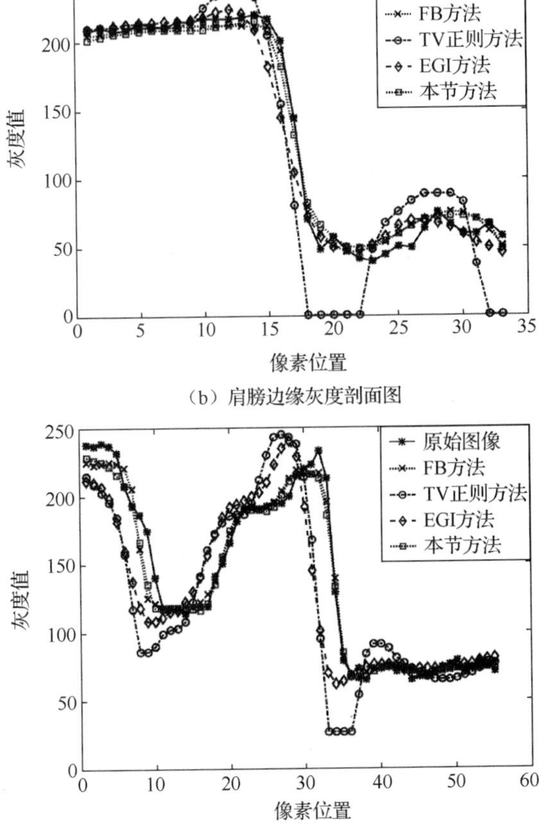

（b）肩膀边缘灰度剖面图

（c）帽檐边缘灰度剖面图

图 3.15　四种方法在图像边缘的差异

图 3.16 所示为 house 超分辨图像在左边屋檐处［图 3.16（a）中白色竖线位置］的灰度剖面图。原始图像边缘的灰度剖面图数据是由原始的低分辨率图像通过计算与高分辨率相对应的像素灰度得到的，因此用于描述灰度剖面图的数据只有重建的高分辨率图像的 1/4。从图 3.16 中可以看到，TV 正则方法在边缘两侧产生的振荡现象［区间（10, 20）（45, 50）（52, 58）］，这在图 3.13（a）中表现出深色的边缘带，伪的屋檐边缘（投影到墙面的灰白边缘）。另外，从图 3.16 中可以看出，TV 正则方法和 EGI 方法都使屋檐边缘明显地向左漂移。同时，从图 3.16 中可以看出，双方向扩散方法和 FB 方法能够在正确的位置形成边缘，而且重建图像的边缘宽度与原始图像边缘宽度完全一致，与图 3.13（d）和图 3.13（e）反映的清晰的图像边缘相吻合。

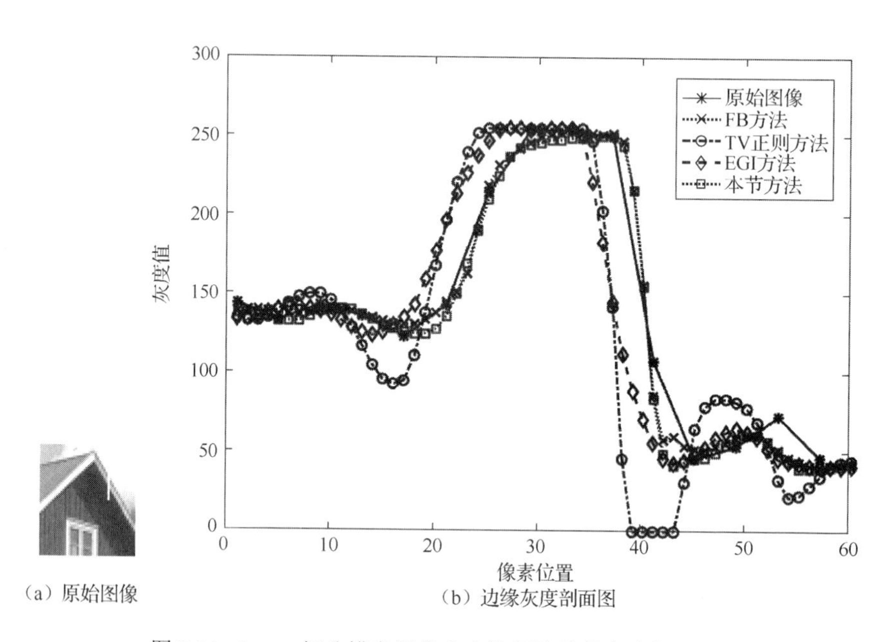

（a）原始图像　　（b）边缘灰度剖面图

图 3.16　house 超分辨率图像在左边屋檐处的灰度剖面图

图 3.17 所示为裤子条纹［3.17（a）中白色线段位置］的灰度剖面图。原始图像灰度剖面图的描绘与图 3.16 相同。从图 3.17 中可看出 TV 正则方法在边缘两侧的振荡现象，EGI 方法则形成缓慢变化的图像边缘，这与图 3.14（c）反映的模糊的裤子纹理是一致的；而双方向扩散方法和 FB 方法产生合适的边缘坡度。

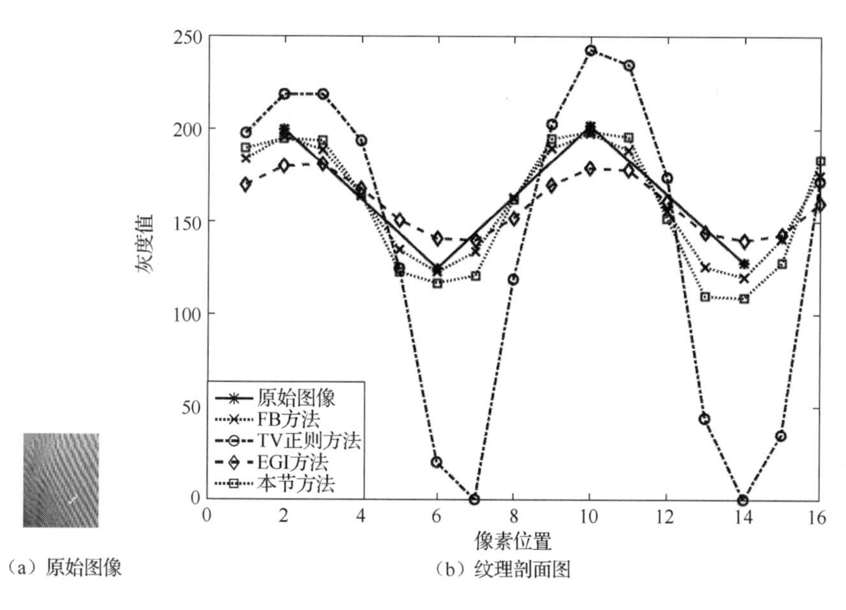

（a）原始图像 （b）纹理剖面图

图 3.17 裤子条纹的灰度剖面图

3. PSNR 性能比较

用 PSNR 值来度量四种方法的性能，如表 3.1 所示。在 cameraman 实验中，TV 正则方法中的 λ=0.025，双方向扩散方法中的 α=0.5、β=0.2、k=0.1；在 house 实验中，TV 正则方法中的 λ=0.05，双方向扩散方法中的 α=0.2、β=0.1、k=0.1。从表 3.1 中可以看出，双方向扩散方法具有较高的 PSNR 值，这与图 3.12～图 3.14 反映的视觉效果是一致的，进一步说明了双方向扩散方法的有效性。

表 3.1 四种方法的 PSNR 值比较

测试图像	不同方法的 PSNR 值			
	TV 方法	EGI 方法	FB 方法	双方向扩散方法
Lena	22.5905	23.5420	25.5613	26.3143
cameraman	22.8725	24.2271	25.3564	26.2783
house	23.7559	25.2207	26.3412	27.2971

3.3 变指数变分正则

图像 u 的 TV 正则形式为如下的最优化问题：

$$\min_u \int_{\Omega} |\nabla u(x)| \mathrm{d}x \tag{3-38}$$

其可保持能量扩散的各向异性，优点是在有效保护图像边缘强度的同时沿图像边缘进行平滑，从而避免重建图像中的锯齿现象；缺点在于 TV 正则问题解的分段常数性质容易造成在重建图像平坦区域产生分块现象。

把带有噪声的图像看作热传导方程 $u_t = \Delta u$ 在零时刻的初始条件，以该初值问题的解作为图像滤波的结果，能够起到很好的去噪作用。热传导方程是下面的最小化问题的稳定状态解：

$$\min_u \frac{1}{2} \int_{\Omega} |\nabla u(x)|^2 \mathrm{d}x \tag{3-39}$$

这是一种各向同性的扩散，能够平滑噪声，消除分块现象。但是，随着人工时间的增大，去噪效果越好的同时边缘也越来越模糊。图像边缘被认为是图像的最重要的特征，而且也是人的视觉最为敏感的特征，因此这是一个让人无法接受的结果。

为了既平滑图像平坦区域又保护图像边缘，一个自然的想法是把这两个方程合二为一，自适应地在方程（3-38）和方程（3-39）之间转换，即在图像平坦区域方程（3-39）起作用，在图像边缘方程（3-38）起作用。基于此，Blomgren 等[16]提出了下面的变指数正则模型：

$$\min_u \int_{\Omega} |\nabla u|^{p(|\nabla u|)} \mathrm{d}x \tag{3-40}$$

Chen 等[17]用分段函数定义变指数函数 p，并研究了该模型的解的存在性、唯一性及扩散性质。Huang 和 Zeng[18]在变指数 p-Laplace 能量泛函中融入区域信息，提出一个活动轮廓模型用于图像分割。在该模型中，变指数能量泛函正则化零水平集，使水平集向精确的目标边界运动。Liu 等[19]研究了带有变指数 Laplace 的反应扩散方程，并用于图像去噪。Maiseli 等[20]获得了变指数扩散驱动正则泛函，用于多帧图像超分辨率重建。它能根据图像的局部特征自适应地调整扩散机制，在图像平坦区域进行线性各向同性扩散而在图像边缘或轮廓扩散消失。

本节采用减小重建图像边缘宽度来抑制重建图像模糊，通过分析减小图像边缘宽度与图像能量扩散之间的关系，给出了一个新的变指数函数；它能在靠近图像边缘中心附近进行各向异性的能量扩散，保持图像边缘的清晰度，而在离图像边缘中心较远的区域进行各向同性的能量扩散，消除插值边缘的锯齿现象和图像平坦区域的分块现象。数值实验结果显示，无论是从主观的视觉评价，还是从客观的全局性能评价（平均结构相似度），本节的变指数方法既能很好地重建超分辨率图像的边缘，又不会在重建图像中产生锯齿现象及分块现象。

3.3.1 *p*-Dirichlet 泛函与变指数泛函

广泛应用于图像处理中的 p-Dirichlet 泛函具有如下形式[21]：

$$E(u)=\int_{\Omega}\frac{1}{p}|\nabla u|^{p}\,\mathrm{d}\Omega \tag{3-41}$$

式中，Ω 为 R^n 中的具有 Lipschitz 边界的有界开子集。

在适当的边界条件下，最小化 E 可以得到相应的 p-Laplace 方程 $\delta E=0$，式中，

$$\delta E=-\nabla(|\nabla u|^{p-2}\nabla u) \tag{3-42}$$

上述 p-Laplace 方程的稳定状态解用最速下降法可表示为

$$u_t=\nabla(|\nabla u|^{p-2}\nabla u) \tag{3-43}$$

对 $p=1$ 来说，方程（3-41）变为经典的 TV 变分模型，对应的 Euler-Lagrange 方程为

$$u_t=\kappa|\nabla u| \tag{3-44}$$

式中，κ 为局部梯度意义下的欧拉曲率。

方程（3-44）的稳定状态解的迭代求解过程可以看作在人工时间 t 下的能量扩散。该扩散具有各向异性扩散性质，它使图像能量沿着图像梯度正交方向扩散，避免了对图像边缘的模糊。从物理运动的观点可以解释为，图像能量在方程（3-44）的作用下，在 t 的迭代过程中会保持图像轮廓的位置和强度，从而保持图像边缘的清晰度。

对 $p=2$ 来说，方程（3-43）变为热传导方程 $u_t=\Delta u$。上述方程的能量演化具有各向同性的性质，能够平滑掉图像噪声，但是它也使图像边缘变得模糊，不适合图像重建领域。$p\to\infty$ 的情况就是众所周知的无穷 Laplace。

在图像去噪、重建等领域，往往需要在图像平坦区域进行平滑以去噪，同时保持图像边缘的清晰度。TV 变分模型及热传导方程都只能起到单一的作用，兼顾二者的算子是现实所需要的。Blomgren 等提出了下面的最小化问题：

$$\min_{u\in \mathrm{BV}\cap L(\Omega)}\int_{\Omega}|\nabla u|^{p(|\nabla u|)}\,\mathrm{d}x \tag{3-45}$$

式中，$\lim_{s\to 0} p(s)=2$，$\lim_{s\to\infty} p(s)=1$，函数 p 是单调下降的。

该模型兼顾了各向同性与各向异性的扩散性质。从方程（3-45）可以看出，当$|\nabla u|$充分大时（对应图像的边缘区域），$p(|\nabla u|)$接近于 1，方程（3-45）近似于 TV 变分模型，使图像能量沿着图像梯度正交方向扩散，从而抑制图像边缘的阶梯现象，同时保持图像边缘强度；而当$|\nabla u|$充分小时，$p(|\nabla u|)$接近于 2，方程（3-45）起着各向同性的热扩散作用，有利于消除噪声或消除重建图像中的分块现象。

3.3.2　变指数图像超分辨率重建模型

要想通过方程（3-45）获得满意的图像处理效果，适当地选择单调下降函数 p 是关键。下面通过对图像边缘的几何分析探索函数 p 应具有的性质。如果把数字图像的边缘看作类斜面的剖面，那么图像边缘越模糊，则斜坡坡度越小，对应的图像边缘宽度越大；反之，则斜坡坡度越大，图像边缘宽度越小。因此，要使重建图像拥有清晰的边缘，就需要减小图像边缘的宽度，使斜坡坡度更大。增加斜坡坡度可以通过降低斜坡下半部灰度值的同时增加斜坡上半部灰度值来实现，如图 3.18 所示。把图像像素灰度值看作质量粒子，斜坡上像素灰度值的变化可以通过图像能量扩散推动质量粒子运动来实现。这可以通过推动斜坡顶上的质量粒子加速向斜坡中心方向扩散，使质量粒子大量堆积在斜坡上半部；同时推动斜坡中心下半部质量粒子加速向斜坡底扩散，使质量粒子分散在斜坡坡底。这样在图像边缘斜坡中心较窄的宽度范围内灰度对比度变大，可以实现减小图像边缘宽度的目的，从而形成清晰的图像边缘。这就要增强在图像边缘两边的区域的各向同性扩散（$p\approx 2$），而且增强在靠近边缘的区域的各向同性扩散（$p\approx 1$）。由此，函数 p 可以选取如下形式：

$$p(s)=1+\mathrm{e}^{-(\varepsilon s)^{\alpha}} \tag{3-46}$$

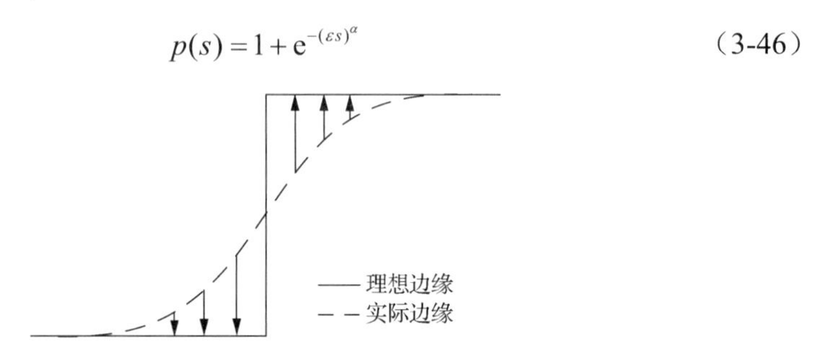

图 3.18　通过改变斜坡灰度值减小边缘宽度

图 3.19 所示为函数 p 取不同参数时的图像。可以看出，s 比较小时，函数 p 趋近于 2；s 比较大时，函数 p 趋近于 1。函数 p 的两个参数α、ε 起着对图像像素分类的作用，即多大梯度的像素需要执行各向同性的扩散（平滑）。相应地，其

他像素需要执行各向异性的扩散。鉴于以上考虑，提出如下图像超分辨率重建能量泛函：

$$\min_{u\in \mathrm{BV}\cap L(\Omega)}\int_{\Omega}\varphi(x,|\nabla u|)\mathrm{d}x+\frac{\lambda}{2}\left|Hu-u_0\right|^2 \tag{3-47}$$

其中：

$$\varphi(x,|\nabla u|)=|\nabla u|^{1+\exp\left[-(\varepsilon|\nabla u|)^{\alpha}\right]} \tag{3-48}$$

式中，λ 是正实数。

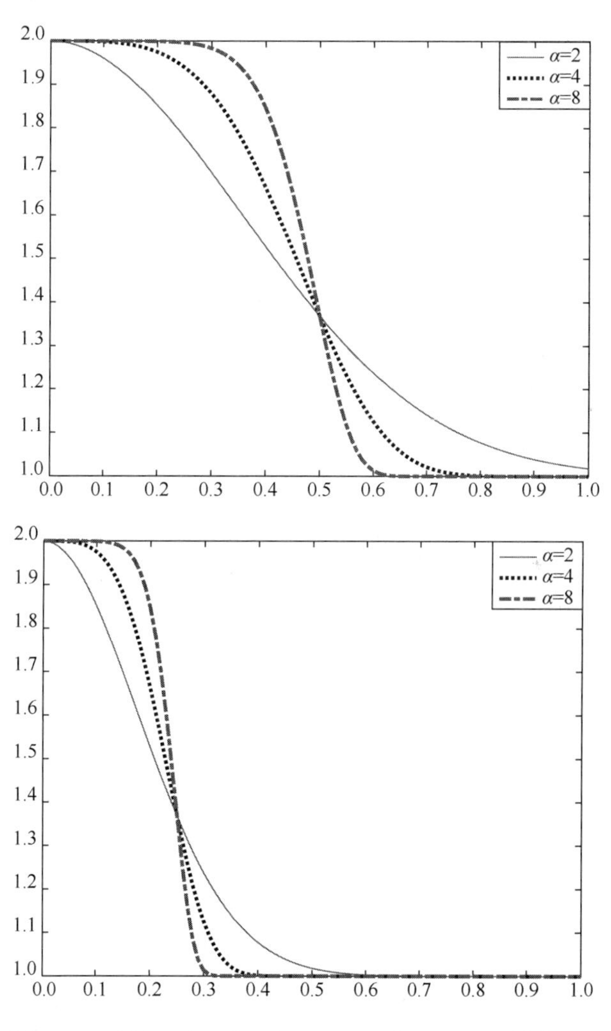

图 3.19　函数 p 的图像（上：ε=2；下：ε=4），横轴为 s

在该模型中，图像中心区域的远端图像梯度较小，此时函数 p 趋近于 2，达到增强各向同性扩散的能力；反之，在图像中心区域的近端图像梯度较大，此时函数 p 趋近于 1，达到增强各向异性扩散的能力。这样就可以减小图像边缘宽度，增强图像边缘两边像素灰度的比例，从而产生清晰的图像边缘。

该能量泛函的 Euler-Lagrange 方程为

$$\frac{\partial u}{\partial t}-\operatorname{div}[\varphi(x,|\nabla u|)]+\lambda H^{-1}(Hu-u_0)=0,\quad \Omega\times[0,T] \tag{3-49}$$

$$\frac{\partial u}{\partial \boldsymbol{n}}(x,t)=0,\quad \partial\Omega\times[0,T] \tag{3-50}$$

$$u(0)=0,\quad \Omega \tag{3-51}$$

本节采用显式的有限差分格式对方程（3-49）进行迭代计算，其扩散项为

$$\operatorname{div}(\varphi)=|\nabla u|^{p(|\nabla u|)-2}\{[p(|\nabla u|)-1]\Delta u+[2-p(|\nabla u|)]|\nabla u|\kappa+\nabla p\cdot\nabla u\log|\nabla u|\} \tag{3-52}$$

3.3.3　实验结果

本节采用方程（3-52）对自然图像、纹理图像进行超分辨率重建，以说明提出方法的有效性。重建结果如图 3.20～图 3.22 所示。为了便于使用客观指标比较各种方法的优劣，用于重建的低分辨率图像是原始图像，通过 MATLAB 函数 imresize（包含低通滤波和降采样过程）获得。这些图像用 3.3.2 小节的方法再恢复到原始图像尺寸大小，从而实现超分辨率重建。同时，以 Chen 等[17]提供的方法及运用加权最小二乘法的鲁棒软决策自适应插值方法（robust soft-decision adaptive interpolation，RSAI）[22]的实验结果作为对比。RSAI 方法的实验结果由文献作者提供的代码实现。在本实验中，方法中的 $\alpha=4$，时间步长 $\Delta t=0.15$，其他实验参数基于观察者对图像边缘是否清晰、是否有锯齿现象、在平坦区域或边缘附近是否有振铃现象等主观评价做出选择。

与其他方法相比，本节的方法真实地重构了低分辨率图像中的细微信息，这正是图像超分辨率重建问题所希望获得的效果。在图 3.20 中，变指数正则方法重构的背景纹理（原始图像的最左边区域）看起来比其他方法获得的结果更正确、更清晰，纹理也更丰富。特别是在原始图像中间箭头指示的阴影区域的纹理，Chen 和 RSAI 方法的重建结果几乎看不出有纹理，而变指数正则方法的重建结果中纹理依然可辨。在对帽檐的层层线条状纹理（原始图像最上侧箭头指示的条纹处）的重建中，变指数方法结果也是最清晰的，RSAI 方法的重建结果清晰度最弱。

帽子下面的木板纹理在变指数方法结果中清晰度也是最高的，特别是原始图像最右边箭头指示区域。在图 3.21 中，RSAI 方法和变指数方法（本节方法）结果中赛车手较清晰一些，文献[17]结果稍微有些模糊。赛车轮胎齿可以清晰反映出变指数方法在保持图像边缘方面的优势，产生了更清楚的轮胎齿，RSAI 结果可辨性较差，而文献[17]结果几乎不可辨。赛车轮胎的辐条也具有同样的可辨性。图 3.22 中，对于雕塑图像人物头像左边鬓角处的头发，变指数方法结果看起来更自然、更真实；而 RSAI 方法结果较模糊；文献[17]方法结果在这个地方几乎不会引起视觉上的注意。从图 3.22 中的球也可以看出，变指数方法对球面上的纹路保持得最好，其他两种方法对原始图像的纹路平滑得更严重一些。

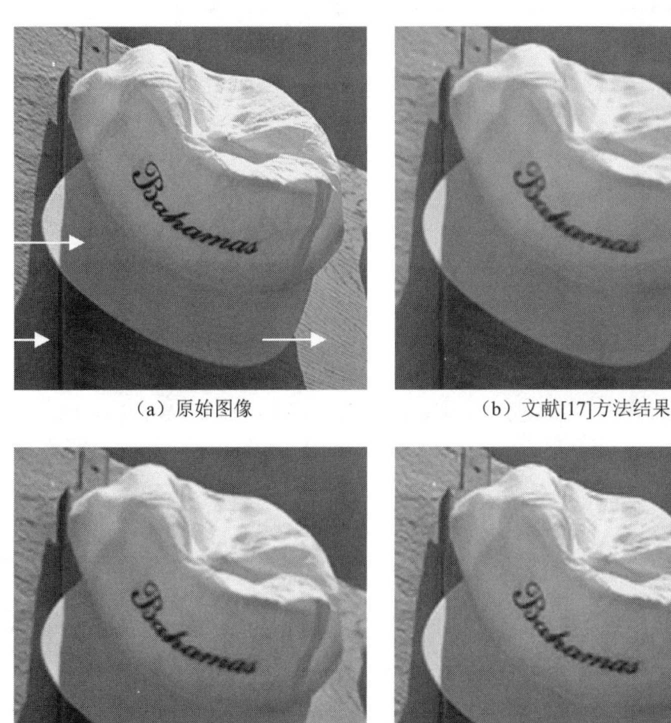

（a）原始图像　（b）文献[17]方法结果

（c）RSAI 方法　（d）本节方法（$\varepsilon=6, \lambda=0.05$）

图 3.20　帽子图像插值结果

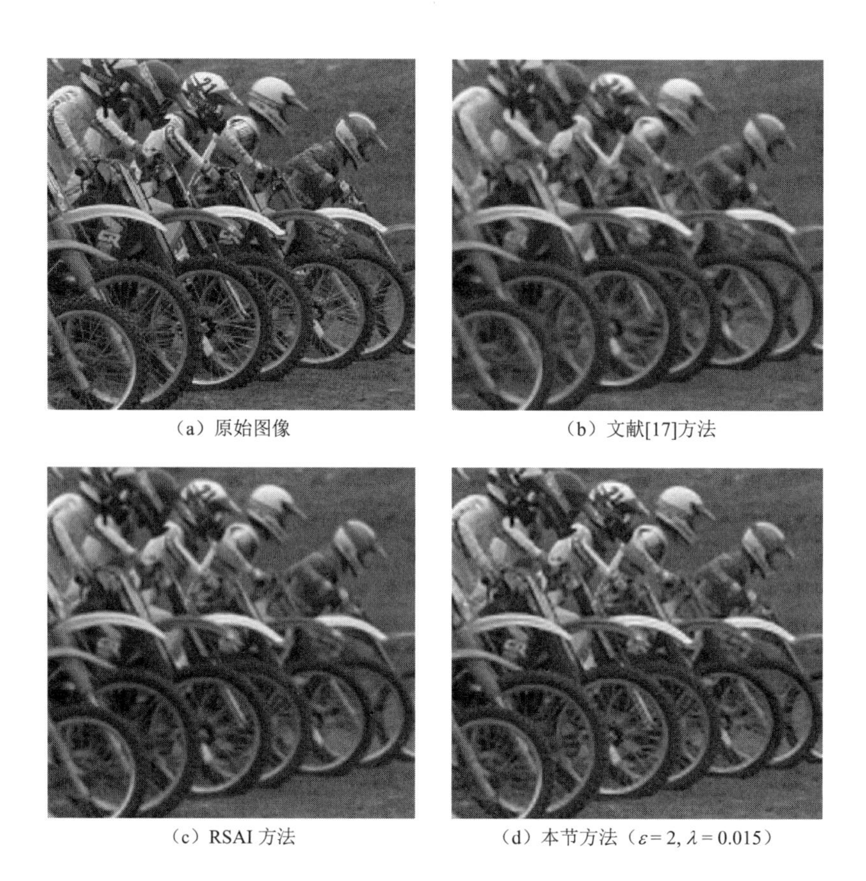

（a）原始图像　（b）文献[17]方法

（c）RSAI 方法　（d）本节方法（$\varepsilon=2, \lambda=0.015$）

图 3.21　赛车图像插值结果

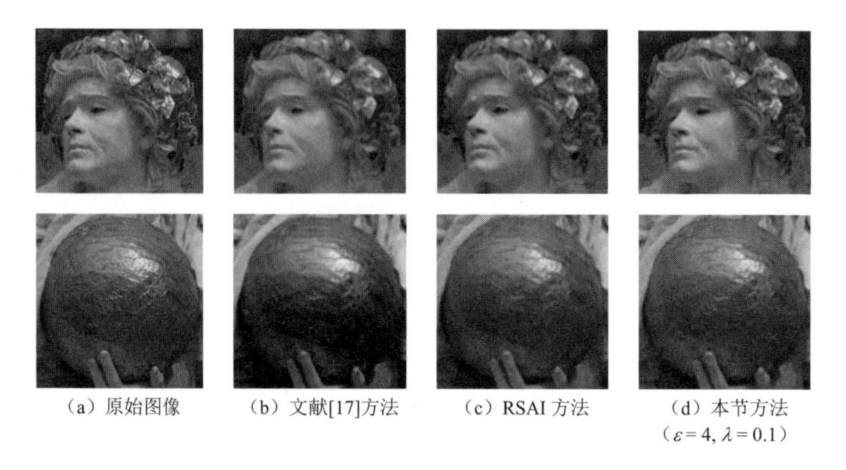

（a）原始图像　（b）文献[17]方法　（c）RSAI 方法　（d）本节方法（$\varepsilon=4, \lambda=0.1$）

图 3.22　雕塑图像插值结果头部与球局部

这里使用的测试图像有帽子图像、赛车图像、雕塑图像、花及船图像（限于篇幅，花及船图像未列出），通过计算 MSSIM 值，从客观指标上对三种方法进行比较。表 3.2 所示为三种方法对测试图像计算的 MSSIM 值，从表中可以看出变指数正则方法的客观指标在所有实验中都有明显的改善。

表 3.2　不同方法的 MSSIM 值比较

测试图像	不同方法的 MSSIM 值		
	文献[17]方法	RSAI 方法	本节方法
帽子	0.9232	0.9329	0.9587
赛车	0.9398	0.9453	0.9601
雕塑	0.9452	0.9509	0.9516
花	0.9516	0.9591	0.9617
船	0.9435	0.9524	0.9711

3.4　Sobolev 梯度双方向流正则

对于图像处理中的不适定问题，通常在正则化框架下将其表示成一个能量泛函来解决：

$$E(u)=J_{\mathrm{d}}(u,u_0)+\lambda J_{\mathrm{r}}(u) \tag{3-53}$$

式中，λ 为正则参数，用于平衡正则项 J_{r} 和数据保真项 J_{d}。

通常情况下，数据保真项 J_{d} 用经典的最小二乘法刻画，J_{r} 则根据不同的图像处理任务用变分正则来处理。这些不同形式的变分正则可以用一个统一的公式来刻画：

$$J_{\mathrm{r}}(u)=\int_{\Omega}\varphi(|\nabla u(x)|)\mathrm{d}x \tag{3-54}$$

运用其 Euler-Lagrange 方程，方程（3-54）的最小值是下面非线性偏微分方程的稳定状态解：

$$u_t=\mathrm{div}\left(\frac{\varphi'(|\nabla u(x)|)}{|\nabla u(x)|}\nabla u(x)\right) \tag{3-55}$$

直接计算可得

$$u_t=\varphi'(|\nabla u(x)|)\mathrm{div}\left(\frac{\nabla u}{|\nabla u|}\right)+\varphi''(|\nabla u|)\frac{\partial^2 u}{\partial \boldsymbol{\eta}^2} \tag{3-56}$$

两个二阶方向导数为

$$\begin{cases}\dfrac{\partial^2 u}{\partial \boldsymbol{\xi}^2}=\boldsymbol{\xi}\begin{pmatrix}u_{xx} & u_{xy}\\ u_{xy} & u_{yy}\end{pmatrix}\boldsymbol{\xi}^{\mathrm{T}}=\dfrac{u_{xx}u_y^2-2u_{xy}u_xu_y+u_{yy}u_x^2}{|\nabla u|^2}\\ \dfrac{\partial^2 u}{\partial \boldsymbol{\eta}^2}=\boldsymbol{\eta}\begin{pmatrix}u_{xx} & u_{xy}\\ u_{xy} & u_{yy}\end{pmatrix}\boldsymbol{\eta}^{\mathrm{T}}=\dfrac{u_{xx}u_x^2+2u_{xy}u_xu_y+u_{yy}u_y^2}{|\nabla u|^2}\end{cases} \tag{3-57}$$

当方程（3-54）中的函数φ选取简单形式$\varphi(x)=x$时，方程（3-54）就是 TV 正则运用水平集方法，可得到基于 TV 正则的图像超分辨率重建方法：

$$u_t=\lambda|\nabla u|\operatorname{div}\left(\frac{\nabla u}{|\nabla u|}\right)+H^{-1}(Hu-u_0) \tag{3-58}$$

一个与方程（3-56）类似的正则是由 Belahmidi 和 Guichard 提出的基于经典的热扩散模型方程：

$$u_t=|\nabla u|\operatorname{div}\left(\frac{\nabla u}{|\nabla u|}\right)+g(|\nabla u|)\frac{\partial^2 u}{\partial \boldsymbol{\eta}^2}-H^{-1}(Hu-u_0) \tag{3-59}$$

其中，函数g通常定义为

$$g(s)=\frac{1}{1+(s/K)^2} \tag{3-60}$$

式中，K为常数。

扩散系数$g(|\nabla u|)$自适应地控制光滑的程度。

为了通过减小图像边缘宽度来增强边缘，Fu 等[14]提出基于模糊集的模糊双方向流用于图像去噪：

$$\begin{aligned}u_t=&-\alpha|\nabla u|\operatorname{th}\left[k|\nabla(G_\sigma*u)|(G_\sigma*u)_{\eta\eta}\right]\\&+\frac{\beta}{1+l_1u_{\xi\xi}^2}u_{\xi\xi}+\frac{l_2|\nabla u|^2}{1+l_2|\nabla u|^2}(u_0-u)\end{aligned} \tag{3-61}$$

式中，α、β、k、l_1、l_2为正常数；$\operatorname{th}(\cdot)$为双曲正切函数；G_σ为标准差为σ的高斯函数。

在以上所有的模型中，$\partial^2u/\partial\boldsymbol{\eta}^2$ 是沿梯度∇u 方向上的二阶方向导数，$|\nabla u|\operatorname{div}(\nabla u/|\nabla u|)=\partial^2u/\partial\boldsymbol{\xi}^2$是垂直于梯度方向的二阶方向导数。如 3.2 节所述，上述给定的模型随时间的演化过程可以看作两个正交方向$\boldsymbol{\eta}$和ξ上的能量扩散过程。图像$u(x,t)$沿方向ξ的能量扩散能够保持图像轮廓处的强度和位置变换，抑制图像轮廓模型的同时沿图像轮廓光滑。该扩散项通常用来获得光滑的等强度线[2,4]。但是，该过程并不能抑制由上采样过程H^{-1}带来的图像边缘宽度的增加，且该光

滑过程本身也会对边缘产生模糊。在方程（3-59）中，图像能量沿 η 方向的前向扩散过程通过停止函数 $g(|\nabla u|)$保持图像边缘。然而，方程（3-59）中的前向扩散的作用受限于其单方向的扩散。依赖于特征的模糊双方向流方程（3-61）是一个跨越图像轮廓的双方向扩散，能够较好地减小图像边缘宽度。但是，梯度方向的二阶方向导数不能准确定位图像边缘斜坡的中心位置，降低了减小图像边缘宽度的能力。

3.4.1　Sobolev 梯度变分正则

数字图像的边缘可以模拟成类斜面的剖面，斜坡坡度与边缘的模糊程度成比例。因此，要减小图像边缘的宽度，就需要使图像边缘的坡度更陡。对于一个斜坡，要使其坡度变得更陡，最直接的方法是使斜坡下半部的灰度值降低，同时提高斜坡上半部的灰度值，如图 3.23 所示。对于一个灰度图，假设图中每一像素的灰度值由相应数量的单位质量粒子堆积而成。在图像插值的过程中，图像边缘斜坡上灰度值的增、减可以看作在外力的作用下，斜坡两端的粒子向斜坡中心运动，即斜坡下半部的粒子沿着斜坡向上运动，斜坡上半部的粒子沿着斜坡向下运动。经过这样的运动后，在图像边缘斜坡中心区域灰度对比度得到增强，形成陡峭的边缘；而在离边缘中心较远的斜坡区域，灰度对比度减小，变得更平坦，从而运动后的边缘宽度减小。图像能量的前向扩散可以实现粒子沿斜坡向下运动，而后向扩散推动粒子沿斜坡向上运动。因此，图像边缘的双方向扩散可以有效地减小放大图像的边缘宽度，如图 3.24 所示（箭头指示了边缘两侧的扩散方向）。

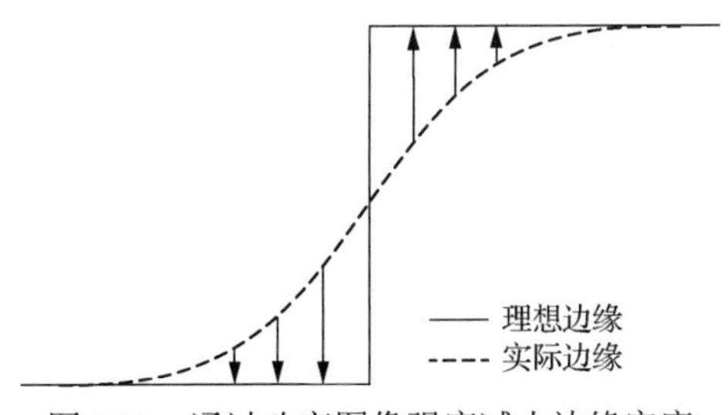

图 3.23　通过改变图像强度减小边缘宽度

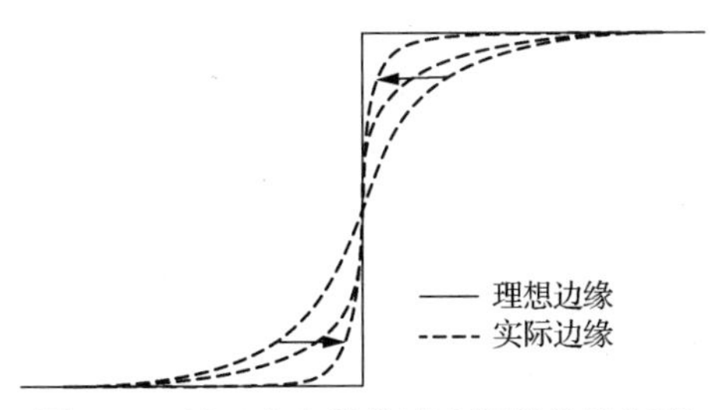

图 3.24　以双方向扩散减小图像边缘宽度

该过程增强了图像边缘两边像素灰度的比例，从而产生清晰的图像边缘。考虑到反正切函数在原点附近变化快而在远端变化慢，这种特性符合上述减小图像边缘两边像素灰度比例的要求，在方程（3-54）中选择反正切函数，即 $\varphi(x)=\arctan(x)$。方程（3-54）改写为

$$J_{\mathrm{r}}(u)=\int_{\Omega}\arctan\left(\frac{|\nabla u(x)|}{k}\right)\mathrm{d}x \tag{3-62}$$

由此，得到图像超分辨率重建的能量泛函：

$$E(u)=\int_{\Omega}\arctan\left(\frac{|\nabla u(x)|}{k}\right)\mathrm{d}x+\frac{1}{2}|Hu-u_0|^2 \tag{3-63}$$

由于该泛函的 Euler-Lagrange 方程是一个非线性偏微分方程，因此此时的问题是最小化能量泛函 $E(u)$ 或求得能量泛函的临界点。目前有三种技术最小化泛函 $E(u)$，即牛顿法、求解抛物型偏微分方程 $u_t=-\nabla E(u)$的稳定状态解、最速下降迭代。如 Renka[23]指出的那样，这三种方法都有缺陷。然而，Sobolev 梯度的最速下降法通常是一个非常有效的方法[24]。下面采用 Renka[23]和 Jung 等[25]给出的方法导出能量泛函 $E(u)$ 的 Sobolev 梯度。

定义微分算子 $\boldsymbol{D}:H^{1,2}(\Omega)\to L^2(\Omega)^3$：

$$\boldsymbol{D}(u)=\begin{pmatrix}u\\ \nabla u\end{pmatrix} \tag{3-64}$$

及

$$\langle g,h\rangle_{H^{1,2}(\Omega)}=\int_{\Omega}gh+\langle\nabla g,\nabla h\rangle=\langle\boldsymbol{D}g,\boldsymbol{D}h\rangle_{L^2(\Omega)^3} \tag{3-65}$$

根据方程（3-63），$E(u)$ 的 Fréchet 导数为

$$\begin{aligned}E'(u)h&=\lim_{\alpha\to 0}\frac{1}{\alpha}[E(u+ah)-E(u)]\\&=\int_{\Omega}\mu\frac{k\langle\nabla u,\nabla h\rangle}{|\nabla u|(k^2+|\nabla u|^2)}+\lambda H^{-1}(Hu-u_0)h\end{aligned} \tag{3-66}$$

由于 $u\in H^{1,2}(\Omega)$，$E'(u)$ 是 $H^{1,2}(\Omega)$ 上的有界线性泛函，由 Riesz 表示定理，存在 Sobolev 梯度 $\nabla_S E(u)\in H^{1,2}(\Omega)$，使得

$$E'(u)h=\langle\nabla_S E(u),h\rangle_{H^{1,2}(\Omega)}=\langle\boldsymbol{D}\nabla_S E(u),\boldsymbol{D}h\rangle_{L^2(\Omega)^3}=\langle\boldsymbol{D}^*\boldsymbol{D}\nabla_S E(u),h\rangle_{L^2(\Omega)},$$
$$\forall h\in H^{1,2}(\Omega) \tag{3-67}$$

式中，$\boldsymbol{D}^*$为算子 $\boldsymbol{D}$ 的伴随算子。

对 $u\in H^{2,2}(\Omega)$，$E'(u)$ 在 $L^2(\Omega)$ 上仍然有界，用 L^2 梯度可表示为

$$E'(u)h=\langle\nabla E(u),h\rangle_{L^2(\Omega)},\qquad \forall h\in H^{1,2}(\Omega) \tag{3-68}$$

这两个梯度有如下关系：

$$\nabla_S E(u)=(\boldsymbol{D}^*\boldsymbol{D})^{-1}\nabla E(u) \tag{3-69}$$

其中：

$$\boldsymbol{D}^*\boldsymbol{D}=(I-\nabla)\begin{pmatrix}I\\ \nabla\end{pmatrix}=I-\Delta \tag{3-70}$$

由于 $H^{2,2}(\Omega)$ 是 $H^{1,2}(\Omega)$ 的稠密子空间，方程（3-69）可以连续地延拓到空间 $H^{1,2}(\Omega)$ 中。对方程（3-66）分部积分，可得$\nabla E(u)$：

$$E'(u)h=\int_\Omega\left[-\mu\left(\frac{k^2+3|\nabla u|^2}{|\nabla u|(k^2+|\nabla u|^2)^2}\operatorname{div}\left(\frac{\nabla u}{|\nabla u|}\right)-\frac{2|\nabla u|}{(k^2+|\nabla u|^2)^2}\Delta u\right)-\lambda H^{-1}(Hu-u_0)\right]h \tag{3-71}$$

在 Ω 的边界上$\nabla u=0$，因此，

$$-\nabla E(u)=\mu\left(\frac{k^2+3|\nabla u|^2}{|\nabla u|(k^2+|\nabla u|^2)^2}\operatorname{div}\left(\frac{\nabla u}{|\nabla u|}\right)-\frac{2|\nabla u|}{(k^2+|\nabla u|^2)^2}\Delta u\right)+\lambda H^{-1}(Hu-u_0) \tag{3-72}$$

为了简化表达式及获得较好的超分辨率重建效果，改进方程（3-72）中散度算子和 Laplace 项前面的系数[26]：

$$-\nabla E(u)=\alpha|\nabla u|\operatorname{div}\left(\frac{\nabla u}{|\nabla u|}\right)-\beta\frac{|\nabla u|}{k^2+|\nabla u|^2}\Delta u+\lambda H^{-1}(Hu-u_0) \tag{3-73}$$

式中，α、β 控制沿着图像梯度方向的扩散和双方向扩散的强度。

下面讨论方程（3-73）中的正则项的作用。为了减小图像边缘宽度，可以通过向上推动边缘斜坡下端的粒子并向下推动上端的粒子来实现。这可以通过能量向两个相反方向的扩散来实现，即在图像边缘的亮侧前向扩散，同时在边缘的暗侧后向扩散。在图像边缘的亮侧，$\Delta u>0$，方程（3-73）中的第二项符号为负，方程（3-73）使图像能量后向扩散；而在图像边缘的暗侧，$\Delta u>0$，方程（3-73）中的第二项符号为正，方程（3-73）使图像能量前向扩散。

3.4.2　数值实验与仿真

本节采用离散化方程（3-73）对不同的自然图像进行实验仿真，下面为本节定义有限差分方案的一些记号。记 h 和 Δ 为空间和时间步长；$(x_{1i};x_{2j})=(ih;jh)$是网格点；$u^n(i;j)$是函数 $u(n\Delta t;x_{1i};x_{2j})$的近似，其中 $n\geqslant 0$。方程（3-73）的实现步骤如

下。对每个 $n>0$（每步的 u^n）；都有：

1）用有限差分进行离散化，并根据方程（3-73）计算 $G^n:=-\nabla E(u)$。

2）引入记号 w，对应于 $w=\dfrac{u^{n+1}-u^n}{\Delta t}$。

3）采用文献[24]中介绍的半隐式格式求解 $(I-\Delta)w=G^n$: 选取初始值 $w^0=0$（或前一步的 w），用如下方程迭代得到 w 的稳定状态解。

$$w_{i,j}^{l+1}-\left\{\frac{w_{i+1,j}^{l}-2w_{i,j}^{l+1}+w_{i-1,j}^{l}}{\Delta x^2}+\frac{w_{i,j+1}^{l}-2w_{i,j}^{l+1}+w_{i,j-1}^{l}}{\Delta y^2}\right\}=G_{i,j}^{n} \tag{3-74}$$

4）更新 $u^{n+1}=u^n+\Delta t\cdot w$。

参数通过手工选择，通常情况下参数 K 随不同类型的图像变化较大，而 α、β、λ 的取值分别在[2,10][0.5,5][20,50]范围内取值有较好的效果。

用 Sobolev 梯度方法与 NEDI、BG、模糊双方向流 FBF[14]、局部自相似 LSS[27] 方法对图像进行超分辨率重建实验，从主观和客观指标两方面进行比较。实验结果如图 3.25～图 3.27 所示。第一个实验直接对考拉图像重建放大 1.5 倍，如图 3.25 所示；在第二个实验中，原始图像首先低通滤波，在 2 倍或 3 倍降采样，然后超分辨率重建到原始图像大小，如图 3.26 和图 3.27 所示。

从图 3.25～图 3.27 中可以看出，LSS 方法增强了图像的清晰度，但其对图像边缘光滑过度，从而在重建图像中产生了卡通现象。例如，在图 3.25 中考拉的面部和前肢、图 3.26 中老人的脸部和帽子边缘、图 3.27 中花蕊处都出现了不规则的块状、团状的平坦区域，特别是图 3.27 中花蕊的细小纹理被平滑掉了。这种现象在重建倍数较大的图 3.25 中表现得特别明显，原因在于这种方法用几个小的滤波器来实现较大倍数的重建。例如，要实现 5 倍重建，这种方法会进行五次 5∶4 倍、4∶3 倍、4∶3 倍、3∶2 倍和 3∶2 倍的过程，即使只需要一次滤波插值的情况，这种现象仍然会出现，如图 3.25 所示。FBF 方法锐化图像边缘，但是不能获得光滑的图像边缘，它过度平滑图像的平坦区域，如图 3.25 所示。BG 方法的效果要稍好于 LSS 方法和 FBF 方法，但是模糊的视觉效果依然比较明显。Sobolev 梯度方法在增强图像边缘的同时能够很好地保持图像的细节特征，具有良好的视觉效果。这是由于在人工时间 t 内，方程（3-73）使 $u(x,t)$沿着梯度正交方向的扩散平滑图像边缘，同时在边缘两侧进行双方向扩散以减小图像边缘的宽度，从而获得清晰的图像轮廓。例如，考拉的皮毛、老人帽子的绒毛、花蕊和花瓣上的经脉纹路等都清晰可见。

我们用经典的 PSNR 指标作为重建图像的客观评价标准。为了能真实地比较几种方法的重建效果，首先把原始图像在 2 倍或 3 倍降采样，然后恢复到原始分辨率。几种方法的详细数值如表 3.3 所示。从表 3.3 中可以看出，Sobolev 梯度方法与其他方法相比，PSNR 值有明显的改善。

表 3.3　五种方法的 PSNR 值比较

测试图像	不同方法的 PSNR 值				
	NEDI 方法	LSS 方法	FBF 方法	BG 方法	Sobolev 梯度方法
鹦鹉（×3）	—	22.9104	25.9583	27.6972	27.8102
老人（×3）	—	23.9840	29.2953	33.8563	33.9642
花（×2）	26.7876	28.4274	27.9264	30.4265	30.3702
花簇（×2）	25.9601	27.1878	26.4071	28.6159	28.7703

（a）LSS 方法结果

（b）FBF 方法结果（k=500，$\alpha=0.04$，$\beta=0.01$，$l_1=0.005$, $l_2=2\times10^{-4}$）

（c）BG 方法结果（$\lambda=0.3$, $k=1$）

（d）Sobolev 梯度方法结果（$k=100$，$\lambda=45$，$\alpha=5$，$\beta=0.5$）

图 3.25　1.5 倍重建的考拉图像

（a）原始图像

（b）低分辨率图像

（c）LSS 方法结果

（d）FBF 方法结果（$k=500$，$\alpha=0.01$，$\beta=0.05$，$l_1=5\times10^{-4}$，$l_2=2\times10^{-5}$）

（e）BG 方法结果（$\lambda=0.5$，$k=0.2$）

（f）Sobolev 梯度方法结果（$k=70$，$\lambda=25$，$\alpha=5$，$\beta=3$）

图 3.26　老人图像 3 倍重建结果（局部）

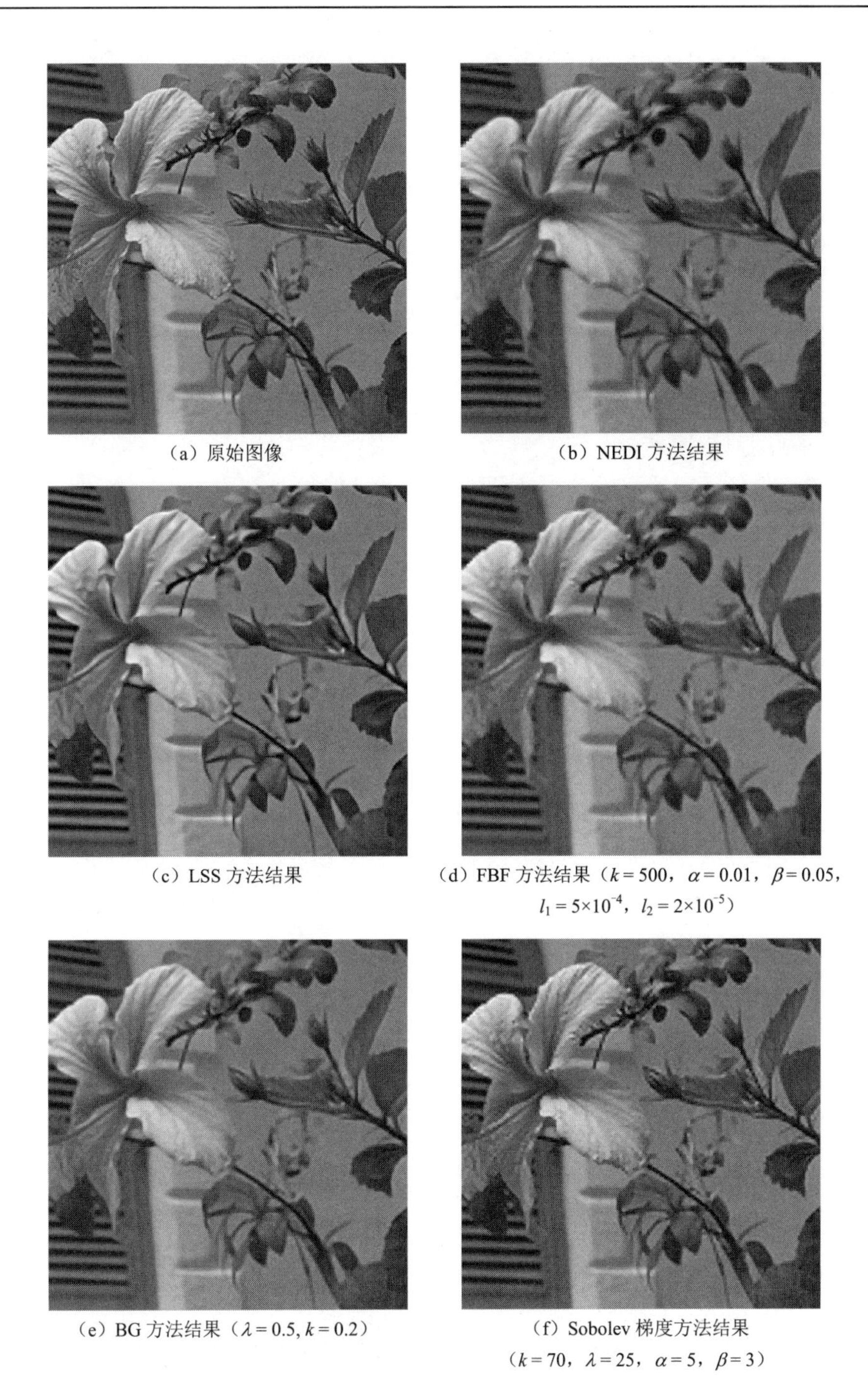

（a）原始图像

（b）NEDI 方法结果

（c）LSS 方法结果

（d）FBF 方法结果（$k = 500$，$\alpha = 0.01$，$\beta = 0.05$，$l_1 = 5\times10^{-4}$，$l_2 = 2\times10^{-5}$）

（e）BG 方法结果（$\lambda = 0.5, k = 0.2$）

（f）Sobolev 梯度方法结果（$k = 70$，$\lambda = 25$，$\alpha = 5$，$\beta = 3$）

图 3.27　花图像 2 倍重建结果（局部）

本 章 小 结

本章从理论上研究了使超分辨率重建图像既能保持图像的等强度线连续，又能保持图像空间梯度方向上的位置与强度变换的梯度角约束条件。首先，证明了局部恒定的梯度角约束超分辨率重建等价于总变分最小化；在此基础上，获得了一个具有更强连续性的梯度角约束，由该约束条件导出的三阶偏微分方程使重建的图像既保证水平线方向的连续性，又减小图像边缘的宽度；并证明了重建方程中的正则项的对比不变性。

其次，介绍了一个双方向扩散图像插值方法。这种双方向扩散方法与振荡滤波的不同之处在于，它能根据图像边缘特征自适应地调整扩散强度，避免出现虚的纹理与边缘，同时避免数值运算的发散。它的方法计算复杂性要低于其他方法。

再次，还介绍了一种结合 TV 变分和热扩散的变指数变分模型图像超分辨率重建方法。这种模型通过分析图像超分辨率重建变分模型的扩散特性，定义了一个指数函数。该指数函数使图像能量在随人工时间的演化过程中在图像边缘附近只沿着图像轮廓扩散，以消除图像边缘在插值过程中的振荡进而获得光滑的边缘；在图像平坦区域进行热扩散，消除分块现象等人工虚像。

最后，一个双方向流用来减小超分辨率重建图像中的边缘宽度，从而获得清晰的重建图像边缘。该双方向流在图像边缘斜坡的较亮一侧进行前向扩散，而在图像边缘较暗一侧进行后向扩散。为了实现这一目标，修改图像能量泛函中的 L^2 梯度流中的普通内积为 Sobolev 内积，产生较好的超分辨率重建效果。

参 考 文 献

[1] CHA Y, KIM S. Edge-forming methods for image zooming[J]. Journal of Mathematical Imaging and Vision, 2006, 25（3）: 353-364.

[2] BELAHMIDI A, GUICHARD F. A partial differential equation approach to image zoom [C]. Proceedings of the 2004 International Conference on Image Processing（ICIP 2004）, Singapore, IEEE Computer Society Press, 2004(1): 649-652.

[3] MALGOUYRES F, GUICHARD E. Edge direction preserving image zooming: a mathematical and numerical analysis[J]. SIAM Journal on Numerical Analysis, 2001, 39（1）: 1-37.

[4] ALY H A, DUBOIS E. Image up-sampling using total-variation regularization with a new observation model [J]. IEEE Transactions on Image Processing, 2005, 14（10）:1647-1659.

[5] MARQUINA A, OSHER S. Explicit algorithms for a new time dependent model based on level set motion for nonlinear deblurring and noise removal[J]. SIAM Journal on Scientific Computing, 2000(22): 387-405.

[6] CASELLES V, MOREL J M, SBERT C. An axiomatic approach to image interpolation[J]. IEEE Transactions on Image Processing, 1998, 7（3）:376-386.

[7] ALY H A, DUBOIS E. Specification of the observation model for regularized image up-sampling [J]. IEEE Transactions on Image Processing, 2005, 14（5）: 567-576.

[8] 詹毅，王明辉，李梦. 梯度角约束图像插值[J]. 计算机辅助设计与图形学学报，2009，21（6）：770-776.

[9] LI X, ORCHARD M T. New edge directed interpolation[J]. IEEE Transactions on Image Processing, 2001, 10（10）:1521-1527.

[10] GILBOA G, SOCHEN N, ZEEVI Y Y. Forward-and-backward diffusion processes for adaptive image enhancement and denoising[J]. IEEE Transactions on Image Processing, 2002, 11（7）:689-703.

[11] 詹毅，王明辉，万群，等. TV 图像插值的双方向扩散改进方法[J]. 软件学报，2009，20（6）: 1694-1702.

[12] PERONA P, MALIK J. Scale－space and edge detection using anisotropic diffusion[J]. IEEE Transactions on Pattern Analysis and Machine Intelligence, 1990,12（7）:629-639.

[13] OSHER S, RUDIN L I.Feature-oriented image enhancement using shock filters[J]. SIAM Journal on Numerical Analysis, 1990, 27（4）:919-940.

[14] FU S, RUAN Q, WANG W, et al. A feature-dependent fuzzy bidirectional flow for adaptive image sharpening[J]. Neurocomputing, 2007,70（4）: 883-895.

[15] ZHANG L, WU X. An edge-guided image interpolation algorithm via directional filtering and data fusion[J]. IEEE Transactions on Image Processing, 2006, 15（8）:2226-2238.

[16] BLOMGREN P, CHAN T F, MULET P, et al. Total variation image restoration: numerical methods and extensions[C]. Proceedings of International Conference on Image Processing, Santa Barbara, CA, 1997(3): 384-387.

[17] CHEN Y M, LEVINE S, RAO M. Variable exponent, linear growth functionals in image restoration [J]. SIAM Journal on Applied Mathematic, 2006, 66（4）:1383-1406.

[18] HUANG C, ZENG L. Level set evolution model for image segmentation based on variable exponent p-Laplace equation [J]. Applied Mathematical Modelling, 2016, 40（17-18）: 7739-7750.

[19] LIU Q, GUO Z, WANG C. Renormalized solutions to a reaction-diffusion system applied to image denoising [J]. Discrete and Continuous Dynamical Systems-Series B, 2016, 21（6）: 1829-1858.

[20] MAISELI B J, ELISHA O A, GAO H. A multi-frame super-resolution method based on the variable exponent nonlinear diffusion regularizer [J]. Eurasip Journal on Image and Video Processing, 2015（1）: 22.

[21] KUIJPER A. p-Laplacian driven image processing[C]. 2007 IEEE International Conference on Image Processing, San Antonio, TX, 2007: 257-260.

[22] HUNG K W, SIU W C. Robust soft-decision interpolation using weighted least squares[J]. IEEE Transactions on Image Processing, 2012, 21（3）: 1061-1069.

[23] RENKA R J. Image segmentation with a Sobolev gradient method[J]. Nonlinear Analysis: Theory, Methods and Applications, 2009, 71（12）:774-780.

[24] NEUBERGER J W. Sobolev gradients and differential equations[R]. Springer Lecture Notes in Mathematics 1670, 1997.

[25] JUNG M, CHUNG G, SUNDARAMOORTHI G, et al. Sobolev gradients and joint variational image segmentation, denoising and deblurring[J]. Computational Imaging, 2009 (7246):131-143.

[26] ZHAN Y, Li S J, LI M. A bidirectional flow joint sobolev gradient for image interpolation[J]. Mathematical Problems in Engineering, 2013, 1-8. doi:10.1155/2013/571052.

[27] FREEDMAN G, FATTAL R. Image and video upscaling from local self-examples[J]. Journal ACM Transactions on Graphics, 2011, 30（2）: 1-11.

第4章　非局部正则超分辨率重建方法

数字图像边缘的光滑度和清晰度是衡量图像增强方法优劣的重要指标。大量的文献致力于从图像的边缘方向、水平集方向或等强度线方向上来解决这类问题。然而，由于这类方法依赖于局部方向的估计，因此容易引起图像边缘质量的退化，从而在图像平坦区域产生伪边缘。Wang 和 Ward[1]通过检测图像中的脊（直边缘）提出了一个有趣的技术，该技术可使图像增强沿着图像直边缘位置上的像素方向进行插值，从而避免伪边缘的出现。Morse 和 Schwartzwald [2]通过限制重建图像等强度线的曲率来抑制边缘的锯齿现象，该方法要求重建图像中的等强度线具有最小的曲率。Cha 和 Kim[3]采用 TV 能量扩散方法消除重建图像中的棋盘格效应，获得了令人满意的图像边缘。Morse 和 Schwartwald 以传统插值方法得到的结果作为超分辨率重建图像的初始估计，通过光滑性约束迭代重构图像等强度线，但是这种方法计算复杂度高，运算耗时长。Malgouyres 和 Guichard[4]最小化 TV 能量泛函，选择它的最优解作为超分辨率重建结果。这种方法的优点在于能够很好地保持一维精细结构并容许不连续结构，能够抑制图像边缘的模糊程度。Aly 和 Dubois[5]研究了图像的获取过程，把它看作图像采样后的低通滤波，在此基础上提出了一个基于模型的 TV 正则图像上采样方法。然而，该 TV 最优是基于把图像看作几乎分段常数这一假设的，从而在重建图像的平坦区域过度光滑。Belahmidi 和 Guichard[6]通过构造一个非线性各向异性的偏微分方程改进了基于 TV 正则的方法。该偏微分方程以适合图像结构的强度和方向进行能量扩散来增强超分辨率图像边缘，其行为在图像平坦区域相当于线性插值，而在图像边缘施行各向异性的能量扩散，试图结合线性插值和各向异性的优势。这些各向异性扩散方法、基于边缘方向的方法和等强度线方法以梯度作为图像特征方向（边缘等），即把图像梯度方向看作跨越图像特征的方向。然而，图像梯度信息是局部的，不能很好地估计图像边缘方向，因此在提取图像边缘方向时应考虑图像的非局部信息。

一个非局部演化方程及其变形在很多领域用于模拟能量扩散过程。下面简单介绍这类非局部问题。一个与 Laplace 方程相对应的非局部演化方程定义如下[7]：

$$u_t(x,t) = J * u - u(x,t) = \int_{R^N} J(x-y)[u(y,t) - u(x,t)]\mathrm{d}y \tag{4-1}$$

该方程之所以称为非局部扩散方程，是因为图像能量在像素点 x 时间 t 处的

扩散不仅依赖于 $u(x;t)$，还依赖于像素点 x 的一个邻域中的所有 u 的像素灰度值，这种依赖关系是通过卷积 $J*u$ 实现的。该方程具有经典的热传导方程 $u_t=\Delta u$ 的很多性质。如果把 $u(x;t)$ 看作在像素点 x 时间 t 处的灰度强度，$J(x,y)$ 看作从像素位置 y 到像素位置 x 处的概率分布，那么卷积

$$(J*u)(x,t)=\int_{R^N}J(y-x)u(y,t)\mathrm{d}y \tag{4-2}$$

就是从邻域中所有其他像素位置到像素位置 x 的概率，而

$$-u(x,t)=-\int_{R^N}J(y-x)u(y,t)\mathrm{d}y \tag{4-3}$$

就是从像素位置 x 离开到所有其他位置的概率。该非局部演化方程可以看作非局部的能量扩散。

4.1 非局部 p-Laplace 正则

下面介绍基于非局部的 p-Laplace 演化方程的图像超分辨率重建方法。非局部的 p-Laplace 方程和 TV 作为正则性对重建图像边缘进行约束，相应的演化方程与各向异性能量扩散类似，它是图像能量沿着图像边缘轮廓方向和其正交方向精确的扩散。在该方程中，$|u(y,t)-u(x,t)|^{p-2}$ 决定能量扩散的方向，抑制沿垂直于图像特征方向的能量扩散，增强图像特征方向上的能量扩散。

4.1.1 局部变分正则、PDE 正则回顾

第 3 章中把定义在某个网格上的低分辨率图像 u_0（输入图像）看作定义在更精细网格上的高分辨率图像，通过式（4-4）得到：

$$u_0=Hu \tag{4-4}$$

式中，H 为滤波和降采样算子。

图像超分辨率重建的目的是求解逆问题（4-4），这是一个不适定问题。在正则化框架下，把这类问题表示成一个能量泛函是解决这类问题的常用方法：

$$E(u)=J_\mathrm{d}(u,u_0)+\lambda J_\mathrm{r}(u) \tag{4-5}$$

式中，λ 为正则参数，用于平衡正则项 J_r 和数据保真项 J_d。

通常情况下，数据保真项 J_d 用经典的最小二乘法刻画：

$$J_\mathrm{d}(u,u_0)=\frac{1}{2}|Hu-u_0|^2 \tag{4-6}$$

若正则项 J_r 采用 TV 正则，即 $J_r(u)=\int_\Omega|\nabla u(x)|\,dx$，则方程（4-5）变为

$$E(u)=\lambda\int_\Omega|\nabla u|\,dx+\frac{1}{2}|Hu-u_0|^2 \tag{4-7}$$

其最小值由如下非线性偏微分方程的稳定状态解给出：

$$u_t=\lambda|\nabla u|\operatorname{div}\left(\frac{\nabla u}{|\nabla u|}\right)+H^{-1}(Hu-u_0) \tag{4-8}$$

另外，Belahmidi 和 Guichard 运用经典的热扩散模型来解决该不适定问题。设 $\boldsymbol{\eta}$ 为局部梯度方向，$\boldsymbol{\xi}$ 为梯度正交方向，即

$$\boldsymbol{\eta}=\frac{1}{|\nabla u|}(u_x,u_y)\qquad \boldsymbol{\xi}=\frac{1}{|\nabla u|}(-u_y,u_x) \tag{4-9}$$

图像 u 沿着方向 $\boldsymbol{\eta}$、$\boldsymbol{\xi}$ 的二阶方向导数为

$$\begin{cases}\dfrac{\partial^2 u}{\partial\boldsymbol{\xi}^2}=\boldsymbol{\xi}\begin{pmatrix}u_{xx} & u_{xy}\\ u_{xy} & u_{yy}\end{pmatrix}\boldsymbol{\xi}^{\mathrm{T}}=\dfrac{u_{xx}u_y^2-2u_{xy}u_xu_y+u_{yy}u_x^2}{|\nabla u|^2}\\[2ex] \dfrac{\partial^2 u}{\partial\boldsymbol{\eta}^2}=\boldsymbol{\eta}\begin{pmatrix}u_{xx} & u_{xy}\\ u_{xy} & u_{yy}\end{pmatrix}\boldsymbol{\eta}^{\mathrm{T}}=\dfrac{u_{xx}u_x^2+2u_{xy}u_xu_y+u_{yy}u_y^2}{|\nabla u|^2}\end{cases} \tag{4-10}$$

由此可得基于热扩散模型的超分辨率重建方案如下：

$$u_t=|\nabla u|\frac{\partial^2 u}{\partial\boldsymbol{\xi}^2}+g(|\nabla u|)\frac{\partial^2 u}{\partial\boldsymbol{\eta}^2}-H^{-1}(Hu-u_0) \tag{4-11}$$

在该方程中，函数 $g(s)$ 通常定义为

$$g(s)=\frac{1}{1+\left(\dfrac{s}{K}\right)^2}$$

式中，$K>0$，为常数。

扩散系数 $g(|\nabla u|)$ 用于自适应地控制扩散过程中的光滑程度。当 $g\equiv 0$ 时，方程（4-11）与方程（4-8）是一致的（$\lambda=1$），上述所有模型都可以看作基于非线性扩散的超分辨率重建方案。方程（4-8）和方程（4-11）中的两个正则项 $|\nabla u|\operatorname{div}\left(\dfrac{\nabla u}{|\nabla u|}\right)$、$|\nabla u|\dfrac{\partial^2 u}{\partial\boldsymbol{\xi}^2}+g(|\nabla u|)\dfrac{\partial^2 u}{\partial\boldsymbol{\eta}^2}$ 导致不同的超分辨率效果。事实上，$|\nabla u|\operatorname{div}\left(\dfrac{\nabla u}{|\nabla u|}\right)=|\nabla u|\dfrac{\partial^2 u}{\partial\boldsymbol{\xi}^2}$，是与图像梯度 $|\nabla u|$ 垂直方向上的二阶方向导数；而

$\dfrac{\partial^2 u}{\partial \boldsymbol{\eta}^2}$ 是图像梯度 $|\nabla u|$ 方向上的二阶方向导数。

从几何的观点来看，上述给定的模型随时间的演化过程可以看作两个正交方向 $\boldsymbol{\eta}$ 和 $\boldsymbol{\xi}$ 上的能量扩散过程。图像 $u(x, t)$沿方向 $\boldsymbol{\xi}$ 的能量扩散能够保持图像轮廓处的强度和位置变换，抑制图像轮廓模糊的同时沿图像轮廓光滑有两种截然不同的处理方式。Aly 和 Dubois 直接简单地把沿着 $\boldsymbol{\eta}$ 方向的能量扩散摈弃；Belahmidi 和 Guichard 则运用边缘停止函数 $g(|\nabla u|)$ 来平衡这两个扩散项的作用，图像梯度较大的像素点（对应于图像轮廓、边缘等）处 g 较小，沿着 $\boldsymbol{\eta}$ 方向的能量扩散被抑制；而图像梯度较小的像素点（对应于图像的平坦区域）处 g 较大，沿着 $\boldsymbol{\xi}$ 方向的能量扩散得到加强，抑制图像边缘的锯齿现象。

方程(4-8)中的 TV 正则在图像重建问题中起着较好地保持图像边缘的作用。该现象可以从物理的角度进行解释：能量扩散被限制在只沿着图像梯度方向进行。但是，基于 TV 正则的能量扩散问题的解是分段常数，这使得容易在图像平坦区域产生阶梯现象，这种现象已经在图像去噪问题中被学者所认识[8-9]。除了块状的解结构外，在重建图像中也会产生伪边缘。

边缘停止函数 g 的取值范围为 0～1。能量扩散过程［方程（4-11）］自适应地控制两个方向 $\boldsymbol{\eta}$、$\boldsymbol{\xi}$ 上的能量扩散，沿着 $\boldsymbol{\eta}$ 方向（跨越图像特征方向）进行最小的光滑，从而保持图像边缘的光滑性；沿着 $\boldsymbol{\xi}$ 方向（图像特征方向）进行最大的光滑，从而获得光滑的图像轮廓，抑制锯齿现象。各向异性的能量扩散方法运用图像梯度指示图像的特征方向，这不可避免地会越过图像特性进行光滑，从而剧烈地损害重建图像的特征，特别是在图像中的线和纹理等处[10]产生模糊或振荡的图像边缘。这种模型的缺陷主要是用图像梯度来指示图像的特征方向。事实上，图像梯度所包含的信息是局部的，它只与像素点和它的直接邻域像素有关，而图像边缘曲线等图像特征的方向并不是局部的。图像超分辨率重建方向应该在一个更大的邻域范围内加以确定。

4.1.2　非局部 p-Laplace 图像超分辨率重建

在这里采用非局部 p-Laplace 演化方程构造正则项，从而克服局部梯度的局限性。用于图像超分辨率重建的能量泛函定义如下[11]：

$$E(u)=\alpha\int_{\Omega}|\nabla u|\,\mathrm{d}x+\frac{\beta}{2p}\int_{\Omega}\int_{\Omega}J(x-y)\,|u(y)-u(x)|^{p}\,\mathrm{d}y\mathrm{d}x+\frac{1}{2}|Hu-u_0|^2 \tag{4-12}$$

等号右侧第一部分（第一项与第二项的和）是正则项，其余部分是数据保真项。与泛函 $E(u)$相对应的梯度流是如下演化方程：

$$\begin{cases} u_t(x,t)=\alpha \operatorname{div}(|\nabla u|^{-1}\nabla u)+\beta P_p^J(u)-H^{-1}(Hu-u_0) \\ u(x,0)=H^{-1}u_0 \end{cases} \tag{4-13}$$

其中，

$$P_p^J(u)=\int_\Omega J(x,y)|u(y,t)-u(x,t)|^{p-2}[u(y,t)-u(x,t)]\mathrm{d}y$$

核函数 $J:\Omega\to R$ 是一个连续有界非负径向函数（radial function），其支撑集 $\sup(J)\subset B(0,d)$，$\int_\Omega J(z)\mathrm{d}z=1$。

该非局部能量泛函的扩散是通过 $P_p^J(u)$ 实现的。下面讨论热扩散方程（4-11）和 p-Laplace 方程的关系。p-Laplace 演化方程 $u_t=\operatorname{div}(|\nabla u|^{p-2}\nabla u)$ 在图像处理中的应用被广泛研究，它可以进一步表示为[12]

$$u_t=|\nabla u|^{p-2}\frac{\partial^2 u}{\partial \boldsymbol{\xi}^2}+(p-1)|\nabla u|^{p-2}\frac{\partial^2 u}{\partial \boldsymbol{\eta}^2} \tag{4-14}$$

当 $p=1$ 时，它是 TV 正则，起着保持图像边缘的作用，但是往往会产生阶梯现象。当 $p=2$ 时，方程变形为 $u_t=\Delta u$，具有各向同性扩散的性质。该模型具有平滑图像，但也会模糊图像边缘。当 $1<p<2$ 时，方程(4-14)中的图像能量 $u(x,t)$ 沿着方向 $\boldsymbol{\eta}$、ξ 进行扩散，与下面的方程具有相同的行为性质：

$$u_t=|\nabla u|\frac{\partial^2 u}{\partial \boldsymbol{\xi}^2}+g(|\nabla u|)\frac{\partial^2 u}{\partial \boldsymbol{\eta}^2} \tag{4-15}$$

方程（4-14）和方程（4-15）在两个方向上的扩散由不同的系数进行控制，即方程（4-14）和方程（4-15）都保持了自适应光滑的优点。

对 p-Laplace 方程的非局部改进由 Andreu 等[13]提出：

$$u_t(x,t)=\int_\Omega J(x,y)|u(y,t)-u(x,t)|^{p-2}[u(y,t)-u(x,t)]\mathrm{d}y \tag{4-16}$$

非局部泛函[方程(4-16)]已经成功运用于图像去模糊和去噪领域。泛函[方程（4-16)]带有 Neumann 边界条件的解，当 $p>1$ 时收敛于经典的 p-Laplace 方程。非局部的 p-Laplace 演化方程克服了能量扩散方向依赖于图像梯度信息(局部信息）的缺陷。像素 x 在时间 t 处的能量扩散强度取决于像素 x 处一个较大邻域中的所有灰度值。更一般地，如果把 $u(x,t)$ 看作像素 x 在时间 t 处的灰度强度，$J(x,y)$ 看作从像素 y 到像素 x 处的概率分布，则 $P_p^J(u)$ 表示所有其他像素到像素 x 处的比例。在图像超分辨率重建问题中，它表示其他像素对插值像素 x 的贡献。方程（4-16）在人工时间 t 时的演化过程可以看作一个各向异性的能量扩散，其扩散方向由邻域中的像素与像素 x 所构成的量 $|u(y,t)-u(x,t)|^{p-2}$ 所决定，它近似于边缘曲线的方向，比由梯度指示的方向更精确。当 $1<p<2$ 时，能量扩散过程

由 $|u(y,t)-u(x,t)|^{p-2}$ 沿着曲线方向和它的正交方向自适应地控制。当 $|u(y,t)-u(x,t)|^{p-2}$ 较小时，沿图像边缘曲线方向上的扩散被抑制，而当 $|u(y,t)-u(x,t)|^{p-2}$ 较大时，沿正交方向上的扩散得到加强。这导致在跨越图像特征方向上的光滑被抑制而图像边缘增强，且在图像特征方向上光滑得到加强，从而消除图像的锯齿边缘和振荡边缘。

4.1.3　方法实现和数值仿真

本小节对方程（4-13）提出一个离散近似解法。首先定义有限差分方案的一些记号。记 h 和 $\varDelta$ 为空间和时间步长；$(x_{1i}; x_{2j})=(ih; jh)$是网格点；$u^n(i; j)$是函数 $u(n\Delta t; x_{1i}; x_{2j})$的近似，其中 $n\geqslant 0$。方程（4-16）可离散化为如下形式：

$$\begin{aligned}&\frac{u^{n+1}(i,j)-u^{n}(i,j)}{\Delta t}\\&=\left[\alpha\operatorname{div}\left(\frac{\nabla u}{|\nabla u|}\right)-H^{-1}(Hu-u_0)\right]_{ij}\\&\quad+\beta\sum_{(k,l)\in\Omega}\{J[(k,l)-(i,j)]\,|u^n(k,l)-u^n(i,j)|^{p-2}\,[u^n(k,l)-u^n(i,j)]\}\end{aligned}\tag{4-17}$$

在所有的数值实验中，选择如下核函数：

$$J(x):=\begin{cases}C\exp\left(\dfrac{1}{|x|^2-d^2}\right), & x<d\\ 0, & x\geqslant d\end{cases}$$

式中，常数 $C>0$，使得 $\int_{\Omega}J(x)\mathrm{d}x=1$。

用各种图像对提出的重建方法进行数值实验，部分重建结果如图 4.1～图 4.3 所示。在图 4.1 和图 4.2 中，图像以 2 倍因子进行重建；而图 4.3 以 10 倍因子进行重建。把方法的重建结果与 Belahmidi 和 Guichard 的 NEDI、EGI 和 BG 方法进行比较。方法中均选择使人眼对重建图像的主观视觉效果最好的参数，这种视觉效果好坏的差异取决于重建图像边缘、物体轮廓清晰度、平坦区域是否有伪边缘或其他虚像、图像边缘附件是否有振铃现象。对本章提出的方法，选择 $\alpha=0.5$，$\beta=0.0001$，$p=1.8$；对 BG 方法，$k=0.0001$，所以实验中的时间步长 $\Delta t=0.15$。实验表明，参数的其他选择对实验结果没有明显的改进。当$|u^{n+1}-u^n|^2<10^{-6}$时，迭代终止，通常只需要几十次迭代。

（a）NEDI 方法结果

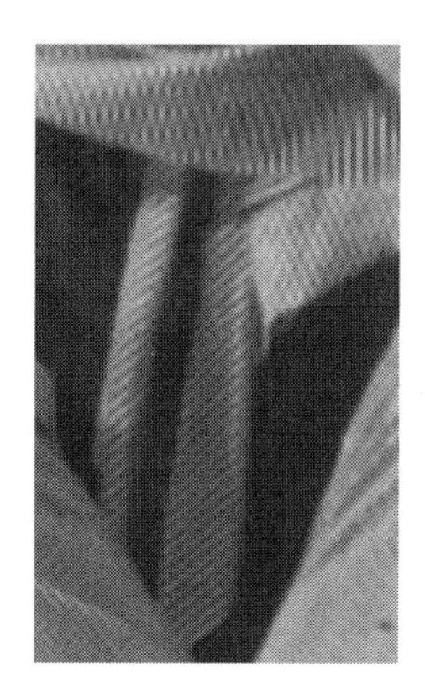

（b）EGI 方法结果

（c）BG 方法结果

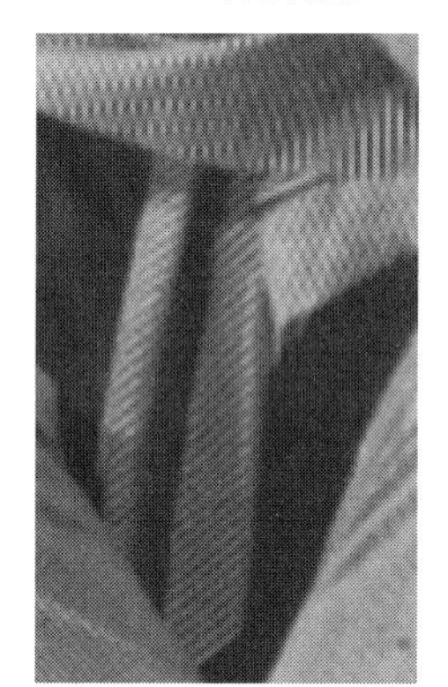

（d）非局部 p-Laplace 方法结果

图 4.1　Barbara 图像 2 倍重建结果（局部）

（a）NEDI 方法结果

（b）EGI 方法结果

图 4.2　flower 图像 2 倍重建结果（局部）

（c）BG 方法结果

（d）非局部 p-Laplace 方法结果

图 4.2（续）

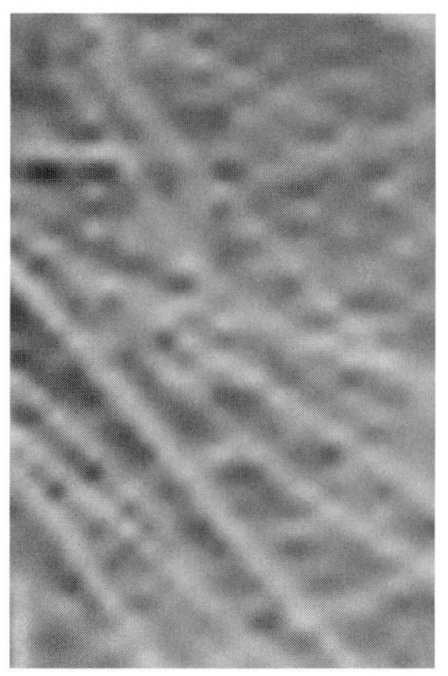
（a）BG 方法结果

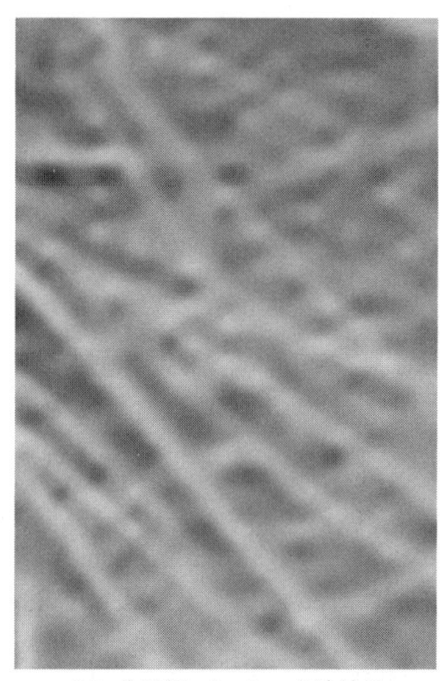
（b）非局部 p-Laplace 方法结果

图 4.3　mandrill 图像 10 倍重建结果（局部）

在第一个实验中，512×512 像素的 Barbara 图像首先进行低通滤波，并以 2 倍因子降采样得到 256×256 像素的低分辨率图像，然后把该低分辨率图像重建到原始分辨率大小。图 4.1 所示为 4 种不同方法的重建结果（局部）。图 4.2 所示为 320×240 像素的 flower 图像经过降采样 2 倍后再超分辨率重建的结果。从这两个实验中可以看出，NEDI 方法在图像边缘处产生了不光滑的锯齿现象［图 4.1（a）和图 4.2（a）］。BG 方法在图像边缘处出现了轻微的模糊［图 4.1（c）中的条纹］，而且在平坦区域出现了振铃现象［图 4.2（c）］，这主要是由图像梯度指示的图像特征方向的误差引起的。本章提出的方法和 EGI 方法保持锐化和光滑的轮廓，但是 EGI 方法和 NEDI 方法只能进行 2 倍的图像重建，具有一定的局限性。

第二个实验对 mandrill 等图像的局部直接进行 10 倍重建，如图 4.3 所示。在该实验中只比较 BG 方法和非局部 *p*-Laplace 方法，因为本节其他方法只能进行 2 倍重建。从图 4.3 中可以看出，非局部 *p*-Laplace 的重建结果比 BG 方法实验结果要好。图 4.3（a）中的 BG 方法产生模糊的胡须，非局部 *p*-Laplace 方法产生更清晰的条纹［图 4.3（b）］，使得超分辨率图像缺乏自然的视觉效果。在 BG 方法的结果中，纹理边缘往往产生视觉虚像，造成视觉疲劳；本章方法会产生更自然的视觉效果。

用经典的 PSNR 值和 MSSIM 值来刻画参考图像和重建图像之间的差异程度。MSSIM 值比 PSNR 值或其他度量指标在刻画图像视觉效果方面更有说服力[14]，它在 0～1 取值，而且值越大，图像的视觉效果越好。用 512×512 像素图像（mandrill 和 Barbara）和 256×256 像素图像（barche、peppers 和 resolution test）对几种方法进行测试。为了真实地反映超分辨率方法的重建效果，把这些图像先 2 倍降采样，然后重建到原始大小。各种方法的 PSNR 值和 MSSIM 值如表 4.1 和表 4.2 所示。从表 4.1 和表 4.2 中可以看出，除了 NEDI 方法的 PSNR 值稍高之外，本章方法所有实验的 PSNR 值和 MSSIM 值都有不同程度的改善。这也说明本章的非局部 *p*-Laplace 方法在改善图像方面有较好的效果。

表 4.1　几种方法的 PSNR 值比较

测试图像	不同方法的 PSNR 值			
	BD 方法	EGI 方法	NEDI 方法	非局部 *p*-Laplace 方法
barche	27.4137	25.7585	29.6238	28.0214
peppers	27.4998	25.9046	29.8716	27.9167
mandrill	23.2248	22.4871	24.8313	23.7041
resolution test	21.0777	18.7030	22.7104	21.6378
Barbara	24.9608	24.3268	26.9344	25.2955

表 4.2　几种方法的 MSSIM 值比较

测试图像	不同方法的 MSSIM 值			
	BD 方法	EGI 方法	NEDI 方法	非局部 *p*-Laplace 方法
barche	0.8237	0.7790	0.7671	0.8447
peppers	0.9036	0.8704	0.8616	0.9144
mandrill	0.9169	0.8851	0.8718	0.9528
resolution test	0.9042	0.8547	0.8388	0.9147
Barbara	0.9204	0.9011	0.8952	0.9438

4.2 非局部特征方向正则

在第 3 章和 4.1 节中，把低分辨率图像和高分辨率图像之间的关系描述为

$$u_0 = Hu \tag{4-18}$$

式中，u 为高分辨率图像；u_0 为低分辨率图像；H 为滤波和降采样算子。在 TV 正则框架下，方程（4-18）可以归结为如下最优化问题：

$$\min_u \int_\Omega |\nabla u(x)| \mathrm{d}x, \text{ s.t. } u_0 = Hu \tag{4-19}$$

从物理学的观点来解释 TV 正则模型：能量扩散被限制在只沿着图像梯度正交的方向进行。TV 正则模型从形式上来说是 Rudin 等[15]提出的如下最小化问题（简称 ROF 模型）的一个特例（$\sigma = 0$）：

$$\min_u \int_\Omega |\nabla u(x)| \mathrm{d}x, \text{ s.t. } |f - Hu|^2 \leqslant \sigma^2 \tag{4-20}$$

ROF 方法及与之相似的方法通过惩罚导数来实现正则化，从本质上来说是一种局部方法。它只是惩罚图像某个像素点处的灰度值和该点的导数[16]，而且在这些模型中用来指示图像特征方向的梯度本身也是一个局部算子[10]。图像梯度包含的信息只局限于一点及它的直接邻域中，而图像边缘曲线本身并不是局部。正如文献[17]、[18]中所指出的那样，这种方法有时会在重建图像中产生块状结构、阶梯边缘、伪边缘等现象，从而误导人们或计算机接收真实图像中并没有的错误的特征。

为了更尊重图像边缘，非局部正则的研究得以发展。Kindermanny 等[16]以非局部泛函作为正则项，首次提出非局部均值邻域滤波。徐焕宇等[19]把自适应构造字典的稀疏表示与非局部 TV 正则结合起来，提出一种基于投影的非局部正则化图像复原方法。Zhou 等[20]在 2014 年考虑了像素的时空非局部性，基于块相似性进行加权，提出多曲面拟合超分辨率重建。Yang 等[21]在 2015 年结合非局部块结构距离和局部像素距离，提出空间不变形态学结构元用于图像恢复。Ji 和 Wang [22]在 2014 年运用改进的非局部方法获取非局部空间信息，减小噪声对 SAR 图像分割的影响。Gilboa 和 Osher[23]提出了一个非局部的能量泛函，这种能量泛函能够更好地处理图像中的纹理和重复结构。Peyré 等[24]把 TV 运用到非局部图（nonlocal graph）上，实现对线性逆问题的正则化。Elmoataz 等[25]提出了一个由具有拓扑性质的加权图表示的非局部离散 p-Laplace 正则。这些方法可以看作图像 TV 正则的非局部形式。在大多数正则框架中，图像被当作连续域上的连续函数。因此，图

像处理的连续能量泛函通常由其相应的 Euler-Lagrange 方程或相应的梯度下降流求解。然而，这些非局部模型中涉及的微分算子的离散化对处理高维数据或图像往往具有一定的困难。因此，对高维数据和图像如何离散化微分算子是非局部正则的一个重要任务。

本节对图像的非局部加权梯度（高维图像数据）进行研究，提出了一个基于非局部特征向量方向进行图像超分辨率重建的方法。首先，非局部曲率被表示成高阶方向导数的形式，其高阶方向就是图像的非局部加权梯度。其次，分析了图像特征方向与图像的非局部梯度之间的关系。事实上，这种形式与局部曲率是一致的，这说明用非局部梯度表示图像特征方向是合理的。最后，用局部的 Hessian 矩阵的特征值近似计算非局部曲率，从而简化方法的离散化。无论是从主观的视觉评价还是从客观的全局性能评价（PSNR 值），实验结果都验证了本章方法既能很好地重建图像的边缘，又不会在重建图像中产生伪影或导致图像边缘失真。

4.2.1　图像特征方向的 Hessian 矩阵提取方法

应用于图像去噪、图像分割、图像修补、图像增强领域中的各向异性扩散方法往往采用图像梯度作为图像特征（边缘、线、波纹等）的方向——梯度方向看作跨越图像特征的方向，而与梯度正交的方向看作沿图像特征的方向。然而，这种广泛使用的梯度方向并不能精确指示图像的特征方向。Carmona 和 Zhong[10]详细讨论了梯度在指示图像中的边缘、线和波纹三种特征出现时的问题，并提出了提取图像特征方向的 Hessian 方法。梯度用具有最大模的一阶方向导数所在方向作为跨越图像特征方向，与之不同的是，Hessian 方法以最大的二阶方向导数所在方向作为跨越图像特征的方向，与该方向正交的方向作为图像特征方向。二阶方向导数的计算通过 Hessian 矩阵来实现。

在图像 u 中一点(x, y)处的 Hessian 矩阵为

$$\boldsymbol{G}_2 = \begin{pmatrix} u_{xx} & u_{xy} \\ u_{xy} & u_{yy} \end{pmatrix} \tag{4-21}$$

其两个特征值 λ_1、λ_2 由下式给出：

$$\begin{cases} \lambda_1 = \dfrac{1}{2}\left[u_{xx} + u_{yy} + \sqrt{(u_{xx} - u_{yy})^2 + 4u_{xy}}\right] \\ \lambda_2 = \dfrac{1}{2}\left[u_{xx} + u_{yy} - \sqrt{(u_{xx} - u_{yy})^2 + 4u_{xy}}\right] \end{cases} \tag{4-22}$$

记绝对值最大的特征值为 λ_η，另一个特征值为 λ_ξ，相应的特征向量分别记作 $\boldsymbol{v}_\eta$、$\boldsymbol{v}_\xi$。显然，λ_η 的值取决于 $u_{xx} + u_{yy}$ 的符号：

$$\lambda_\eta = \begin{cases} \lambda_1, & u_{xx}+u_{yy}>0 \\ \lambda_2, & u_{xx}+u_{yy}<0 \\ \lambda_1(\text{or}\lambda_2), & u_{xx}+u_{yy}=0 \end{cases} \tag{4-23}$$

特征向量 $\boldsymbol{v}_\eta$ 是所有方向中二阶方向导数最大的方向，该方向被看作跨越图像特征的方向，也是图像灰度变化最大的方向；而 $\boldsymbol{v}_\xi$ 是与它正交的方向，被看作沿图像特征的方向。沿方向 $\boldsymbol{v}_\xi$ 的能量扩散可表示为

$$u_t = \frac{1}{\sqrt{1+|\nabla u|^2}}\lambda_\xi \tag{4-24}$$

它能够更好地保持图像的边缘。然而，Hessian 矩阵反映的是图像中一点及其局部邻域的信息，这种方法从本质上来说仍然是一种局部的模型，并不能很好地刻画图像特征。

设 Ω 是图像域，$u(x):\Omega\to R$，$x\in\Omega$ 是实值函数。TV（局部）正则模型［方程（4-19）］对应的 Euler-Lagrange 方程为

$$u_t = \kappa|\nabla u| + \alpha H^{-1}(Hu-u_0) \tag{4-25}$$

式中，κ 为局部梯度意义下的欧拉曲率。

方程（4-25）与 Perona 和 Malik 的各向异性扩散[26]密切相关，它使图像能量沿着图像梯度正交方向而不是梯度方向扩散，从而避免对重建图像边缘的模糊。方程（4-25）从几何的观点可以解释为：图像能量在人工时间 t 的演化过程中会保持图像轮廓的位置和强度，同时沿着图像特征方向光滑以保持图像边缘的清晰度。但是，如文献[10]所述，图像梯度方向 $\nabla u/|\nabla u|$ 不能精确指示跨越图像特征的方向，而非局部梯度能充分利用图像自身的空间结构信息同时处理光滑区域与纹理区域，最大限度地复原图像的原有细微结构。因此，非局部 TV 正则模型能充分利用 TV 正则与非局部模型的优点更好地实现图像超分辨率重建。

在机器学习的背景下，Zhou 和 Scholkopf 定义了图上的梯度和导数[27]。Gilboa 和 Osher 在非局部框架下扩展了非局部导数的定义，如下：

$$\partial_y u(x) = \sqrt{w(x,y)}(u_y - u_x) \tag{4-26}$$

式中，$w(x,y)$ 为一个非负对称的权函数。$w(x,y)\geqslant 0$，$w(x,y)=w(y,x)$。

进一步，非局部梯度 $\nabla^w u(x)$ 定义为所有偏导数构成的向量：

$$\nabla^w u(x) = \left[\sqrt{w(x,y)}(u_y - u_x)\right]_y \in R^n, x,y\in\Omega \tag{4-27}$$

由上面定义的非局部梯度，图像的非局部 TV 能量泛函可以按如下定义：

$$J_w(u)=\int_\Omega\left|\nabla^w u\right|\mathrm{d}x=\int_\Omega\sqrt{\int_\Omega[u(y)-u(x)]^2 w(x,y)\mathrm{d}y}\mathrm{d}x \tag{4-28}$$

根据方程（4-28），局部 TV 模型（4-19）的非局部形式可以通过求解在约束条件 $u_0=Hu$ 下的最优化问题

$$\min_u \int_\Omega\left|\nabla^w u\right|\mathrm{d}x \tag{4-29}$$

来实现。方程（4-29）的欧拉方程为

$$\kappa_w := \mathrm{div}\left(\frac{\nabla^w u(x)}{\left|\nabla^w u(x)\right|}\right)=0 \tag{4-30}$$

式中，κ_w 为图像 u 的水平线在非局部梯度下的欧拉曲率。

更一般地，它可以改写为

$$\kappa_w\left|\nabla^w u(x)\right|=0 \tag{4-31}$$

与方程（4-25）相类似，也可以通过求解方程（4-29）对应的 Euler-Lagrange 方程

$$u_t=\kappa_w\left|\nabla^w u(x)\right|+\alpha H^{-1}(Hu-u_0) \tag{4-32}$$

实现图像超分辨率重建。

非局部曲率 κ_w 通常定义为[23]

$$\begin{aligned}\kappa_w &= \mathrm{div}\left(\frac{\nabla^w u(x)}{\left|\nabla^w u(x)\right|}\right)\\ &:= \int_\Omega[u(y)-u(x)]w(x,y)\left(\frac{1}{\left|\nabla^w u(x)\right|}+\frac{1}{\left|\nabla^w u(y)\right|}\right)\mathrm{d}y\end{aligned} \tag{4-33}$$

式中，$\left|\nabla^w u\right|(s):=\sqrt{\int_\Omega[u(t)-u(s)]^2 w(x,y)\mathrm{d}t}$。

可以看出上面的表达式是非常复杂的，离散化困难，运算复杂度高。因此，有效地近似非局部曲率，提高运算效率是求解非局部 TV 正则的重要任务。在 4.2.2 节将对非局部曲率提出一个新的便于离散化的表达式。

4.2.2　非局部特征方向 TV 正则图像超分辨率重建

1. 非局部曲率近似

对图像域 Ω 中的一点 x，选取大小为 $m\times m$（m 是奇数）的块来计算非局部曲率。这样，方程（4-27）中非局部梯度 $\nabla^w u(x)$是一个包含 m^2-1 个分量的向量，可以把它

看作二维图像中方向向量的高维表示。按通常的习惯，$\nabla^w u(x)$表示为$\nabla^w u(x) = (u_{x_1}, u_{x_2}, \cdots, u_{x_n})^{\mathrm{T}}$，$n = m^2 - 1$，非局部曲率 κ_w 可计算如下：

$$
\begin{aligned}
\kappa_w &= \operatorname{div}\left(\frac{\nabla^w u}{\left|\nabla^w u\right|}\right) = \sum_{i=1}^{n} \frac{\partial}{\partial x_i}\left(\frac{u_{x_i}}{\left|\nabla^w u\right|}\right) \\
&= \sum_{i=1}^{n} \frac{1}{\left|\nabla^w u\right|^3}\left(u_{x_i x_i} \sum_{j=1}^{n} u_{x_j}^2 - \sum_{j=1}^{n} u_{x_i} u_{x_j} u_{x_i x_j}\right) \\
&= \frac{1}{\left|\nabla^w u\right|^3} (\nabla^w u)^{\mathrm{T}} [\operatorname{tr}(\boldsymbol{G}_n)\boldsymbol{E} - \boldsymbol{G}_n] \nabla^w u \\
&= \frac{1}{\left|\nabla^w u\right|}\left(\frac{\nabla^w u}{\left|\nabla^w u\right|}\right)^{\mathrm{T}} [\operatorname{tr}(\boldsymbol{G}_n)\boldsymbol{E} - \boldsymbol{G}_n]\left(\frac{\nabla^w u}{\left|\nabla^w u\right|}\right)
\end{aligned} \tag{4-34}
$$

式中，$\boldsymbol{G}_n$ 为图像 u 在 x 处的 Hessian 矩阵：

$$
\boldsymbol{G}_n = \begin{pmatrix} u_{x_1 x_1} & u_{x_1 x_2} & \cdots & u_{x_1 x_n} \\ u_{x_2 x_1} & u_{x_2 x_2} & \cdots & u_{x_2 x_n} \\ \vdots & \vdots & & \vdots \\ u_{x_n x_1} & u_{x_n x_2} & \cdots & u_{x_n x_n} \end{pmatrix} \tag{4-35}
$$

$\operatorname{tr}(\boldsymbol{G}_n)$、$\boldsymbol{E}$ 分别是矩阵 $\boldsymbol{G}_n$ 的迹及单位矩阵。

该非局部曲率 κ_w 与（局部）欧拉曲率 κ 相比，存在两个缺陷：一是缺乏直观的几何意义，二是二阶混合偏导数表示与离散化困难，而二阶混合偏导数 $u_{x_i x_j}$ 的表示困难直接导致方程（4-32）求解的困难。

为了得到非局部曲率的有效近似，可以从分析 Hessian 矩阵 $\boldsymbol{G}_n$ 的特征值、特征向量与图像特征方向之间的关系入手。由线性代数的知识可以知道：存在正交阵对角化实对称矩阵 $\boldsymbol{G}_n$，其中对角阵的元是 $\boldsymbol{G}_n$ 的实数特征值，正交阵的列向量是对应的单位特征向量。不妨设 $\mu_1 \leqslant \mu_2 \leqslant \cdots \leqslant \mu_n$ 是 $\boldsymbol{G}_n$ 的特征值，μ_γ 是其中绝对值最大的特征值，$\boldsymbol{v}_\gamma$ 是对应的特征向量。接下来，通过研究局部 Hessian 矩阵的特征向量与图像特征方向之间的关系导出 $\boldsymbol{v}_\gamma$ 与图像特征方向之间的关系。

传统的 PDE、变分方法以图像梯度作为跨越图像特征的方向，即$(u_x,u_y)/|\nabla u|$，其正交方向为$(u_y,-u_x)/|\nabla u|$，容易推出：

$$
\begin{cases}
u_{\eta\eta} := \dfrac{1}{|\nabla u|^2}(u_x, u_y)\begin{pmatrix} u_{xx} & u_{xy} \\ u_{xy} & u_{yy} \end{pmatrix}\begin{pmatrix} u_x \\ u_y \end{pmatrix} = \dfrac{u_{xx}u_x^2 + 2u_{xy}u_x u_y + u_{yy}u_y^2}{|\nabla u|^2} \\
u_{\xi\xi} := \dfrac{1}{|\nabla u|^2}(u_y, -u_x)\begin{pmatrix} u_{xx} & u_{xy} \\ u_{xy} & u_{yy} \end{pmatrix}\begin{pmatrix} u_y \\ -u_x \end{pmatrix} = \dfrac{u_{xx}u_y^2 - 2u_{xy}u_x u_y + u_{yy}u_x^2}{|\nabla u|^2}
\end{cases} \tag{4-36}
$$

方程（4-36）说明，$u_{\xi\xi}$ 和 $u_{\eta\eta}$ 都是梯度方向上的二阶方向导数，而且 $u_{\xi\xi}$ 就是局部梯度意义下的欧拉曲率 κ。经典 Perona-Malik 方程 $u_t = \text{div}(g(|\nabla u|)\nabla u)$是一个各向异性扩散方程，其展开形式与这两个二阶方向导数有关：

$$u_t = \left\{ g\left(|\nabla u|\right)\left[1 + \frac{|\nabla u| g'\left(|\nabla u|\right)}{g\left(|\nabla u|\right)}\right]\right\} u_{\eta\eta} + g\left(|\nabla u|\right) u_{\xi\xi} \tag{4-37}$$

其一般形式为

$$u_t = a u_{\eta\eta} + b u_{\xi\xi} \tag{4-38}$$

通过设计不同的参数或参数函数 a、b，可以控制两个不同方向的二阶方向导数的大小，从而在图像能量泛函沿图像梯度方向与其正交方向扩散的过程中实现对扩散强度的控制，完成图像处理任务。

文献[10]指出，Hessian 矩阵的最大特征值对应的特征向量改善了图像特征方向刻画的准确性。事实上，由 Hessian 矩阵 $\boldsymbol{G}_2$ 的最大特征值 λ_η 和相应的单位特征向量 $\boldsymbol{v}_\eta$ 之间的关系 $\boldsymbol{G}_2\boldsymbol{v}_\eta=\lambda_\eta\boldsymbol{v}_\eta$，可得

$$\lambda_\eta = \boldsymbol{v}_\eta^{\mathrm{T}} \boldsymbol{G}_2 \boldsymbol{v}_\eta \tag{4-39}$$

方程（4-39）说明，最大特征值 λ_η 是最大的二阶方向导数，对应的特征向量 $\boldsymbol{v}_\eta$ 就是图像灰度变化最大的方向。与方程（4-38）相同，$u_t = a\lambda_\eta + b\lambda_\xi$ 也保持了各向异性的扩散性能，它使图像能量泛函分别朝着改善的方向扩散。

与局部的二阶 Hessian 矩阵相比，非局部 Hessian 矩阵刻画了更多的图像信息，包括图像特征信息，其特征向量更能反映图像特征方向。另外，与二阶 Hessian 矩阵情况相同，n 阶 Hessian 矩阵的特征向量 $\boldsymbol{v}_\gamma$ 是所有方向中具有最大二阶方向导数的方向，即沿着该方向图像灰度变化最大，从而可以把它看作跨越图像特征的方向。另外，图像非局部梯度本身克服了局部梯度的局部性，同样包含了更多的图像特征信息，图像的非局部梯度 $\nabla^w u(x)$充分刻画了图像一点处灰度的变化，隐式地表示了图像的特征方向。因此，特征向量 $\boldsymbol{v}_\gamma$ 可以用单位非局部梯度 $\nabla^w u(x)/|\nabla^w u(x)|$来刻画，即

$$u_\gamma = \left(\frac{\nabla^w u}{|\nabla^w u|}\right)^{\mathrm{T}} \boldsymbol{G}_n \left(\frac{\nabla^w u}{|\nabla^w u|}\right) \tag{4-40}$$

结合方程（4-32）、方程（4-34）和方程（4-40），非局部 TV 图像超分辨率重建模型可以重新改写为

$$u_t = \text{tr}(\boldsymbol{G}_n) - u_\gamma + \alpha H^{-1}(Hu - f) \tag{4-41}$$

但是，由于 Hessian 矩阵 $\boldsymbol{G}_n$ 中二阶混合偏导数表示困难，因此直接求解 μ_γ 是不可行的，即使能够表示也会很复杂。事实上，在图像超分辨率重建过程中并不希望图像能量扩散沿着跨越图像特征的方向进行，而是希望沿着图像特征方向进行。在方程（4-41）中，减掉 μ_γ（最大二阶方向导数）这一项也说明方程（4-41）是通过抑制跨越图像特征方向的扩散来实现的，而抑制的程度通过 μ_γ 绝对值的大小来体现。因此，如果用方程（4-23）中局部最大特征值 λ_η 代替 μ_γ，并不能改变非局部梯度 $\nabla^w u(x)/|\nabla^w u(x)|$ 指示图像特征方向这一事实，而它们之间的数值误差只会影响上述抑制的程度。另外，在图像特征处的局部最大特征值 λ_η 与非局部最大特征值 μ_γ 之间在量上的差异是很小的，因此用 λ_η 代替 μ_γ 是合理的。由此，图像超分辨率重建模型可以表示为[28]

$$u_t = \mathrm{tr}(\boldsymbol{G}_n) - \lambda_\eta + \alpha H^{-1}(Hu - f) \tag{4-42}$$

方程（4-42）中非局部正则的特性体现在 $\mathrm{tr}(\boldsymbol{G}_n)$ 上。

2. 模型的离散化与方法描述

下面举例说明 $\mathrm{tr}(\boldsymbol{G}_n)$ 中的二阶偏导数 $u_{x_i x_i}$ 的离散化。如图4.4所示，图像 u 在像素位置 (i, j) 处沿着右上 22.5° 方向及 45° 方向上的二阶偏导数可按如下方程计算：

$$u_{x_1x_1} = \frac{u_{i-2,j+4} - u_{i-1,j+2}}{\sqrt{5}} - \frac{u_{i-1,j+2} - u_{i,j}}{\sqrt{5}}, u_{x_2x_2} = \frac{1}{\sqrt{2}}\left(\frac{u_{i-2,j+2} - u_{i-1,j+1}}{\sqrt{2}} - \frac{u_{i-1,j+1} - u_{i,j}}{\sqrt{2}}\right) \tag{4-43}$$

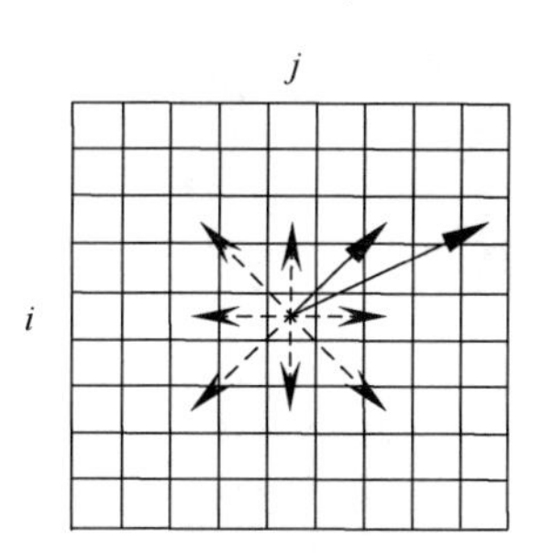

图 4.4　二阶方向导数离散化

其他方向上的二阶偏导数可以进行类似定义。

记 h 和 Δ 为空间和时间步长；$(x_i; x_j)=(ih; jh)$ 是网格点；$u^n(i; j)$ 是函数 $u(n\Delta t; x_i; x_j)$ 的近似，其中 $n \geqslant 0$。方程（4-42）的实现步骤如下：对每个 $n > 0$（每步的 u^n）：

1）用方程（4-43）计算所有的二阶偏导数及 $\mathrm{tr}(\boldsymbol{G}_n)$。

2）用方程（4-22）和方程（4-23）计算 λ_n，其中的二阶偏导数按通常的中心差分计算。

3）用如下方程迭代，直到方程（4-42）达到稳定状态解：

$$\frac{u^{n+1}(i,j)-u^{n}(i,j)}{\Delta t}=\mathrm{tr}(\boldsymbol{G}_n)-\lambda_n+\alpha H^{-1}(Hu-f)_{ij} \tag{4-44}$$

4.2.3　实验结果

本节用方程（4-44）对自然图像、纹理图像进行超分辨率重建，以说明提出方法的有效性。重建结果如图 4.5～图 4.7 所示，其中图 4.5 所示为 2 倍重建结果，图 4.6 和图 4.7 所示为 3 倍重建结果。原始图像经 MATLAB 的 imresize 函数作用，产生本节实验的输入图像，包含低通滤波和降采样过程。这些输入图像用 4.2.2 小节的“2. 模型的离散化与方法描述”的方法再恢复到原始图像尺寸大小，从而实现超分辨率重建。同时，以 BG 方法及自适应稀疏域正则方法（adaptive sparse domain selection and adaptive regularization，ASDSAR）[29]的实验结果作为对比。ASDSAR 方法的实验结果由文献作者提供的软件实现，软件可从以下网址获得：http://www4.comp.polyu.edu.hk/~ cslzhang/ASDS_AReg.htm。实验参数的选择基于观察者对图像边缘是否清晰、是否有锯齿现象、在平坦区域或边缘附近是否有振铃现象等的主观评价做出。在所有实验中，α 在[0.01,0.05]取值及 BG 模型中 k 取 0.0001 具有较好的视觉效果，所有实验中时间步长 $\Delta t = 0.15$。上述参数的选择变化不大时，重建结果主观视觉效果和客观评价指标并没有明显的改善。

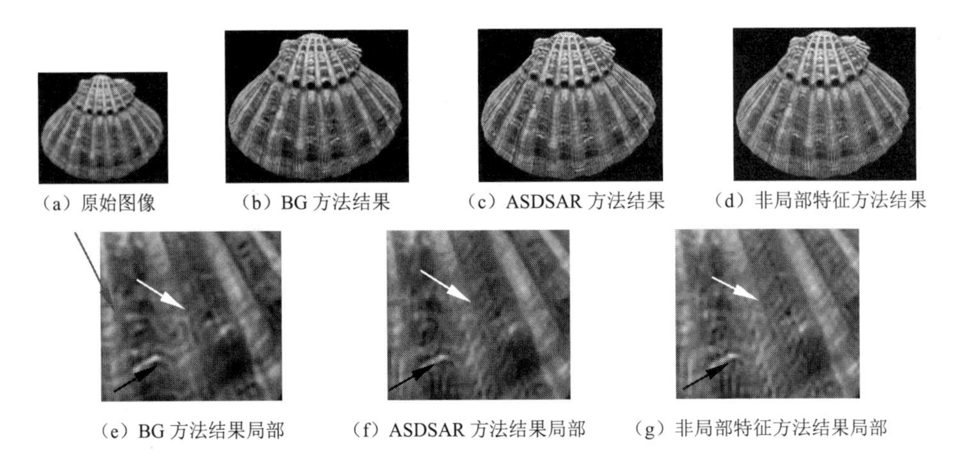

（a）原始图像　（b）BG 方法结果　（c）ASDSAR 方法结果　（d）非局部特征方法结果

（e）BG 方法结果局部　（f）ASDSAR 方法结果局部　（g）非局部特征方法结果局部

图 4.5　贝壳图像 2 倍重建结果及局部 100%显示

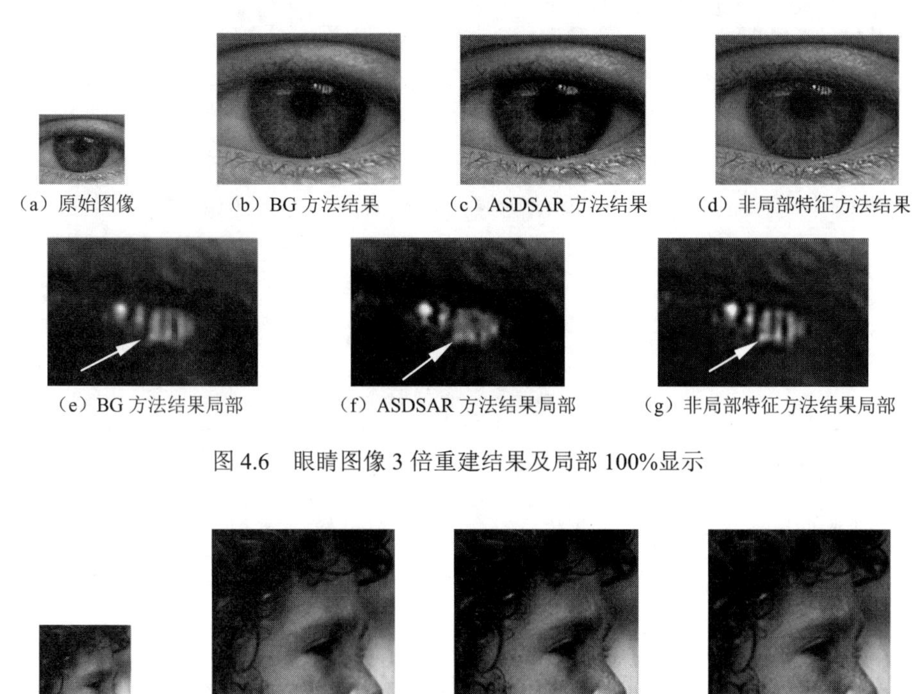

（a）原始图像　（b）BG 方法结果　（c）ASDSAR 方法结果　（d）非局部特征方法结果

（e）BG 方法结果局部　（f）ASDSAR 方法结果局部　（g）非局部特征方法结果局部

图 4.6　眼睛图像 3 倍重建结果及局部 100%显示

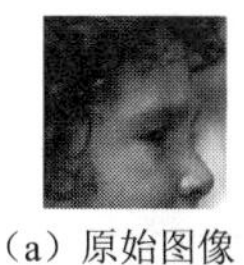

（a）原始图像

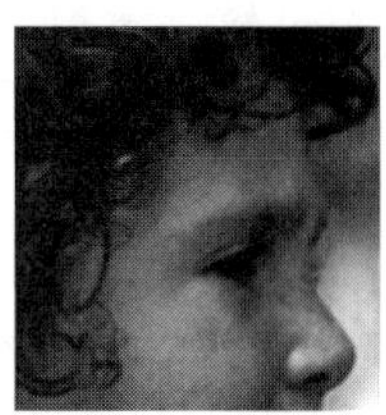

（b）BG 方法结果

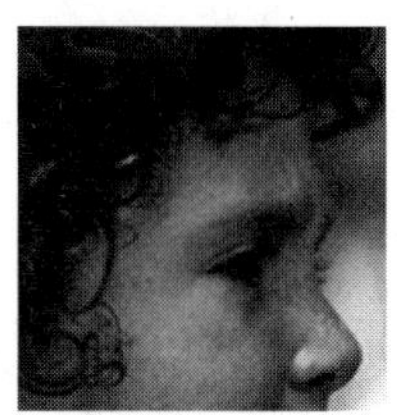

（c）ASDSAR 方法结果

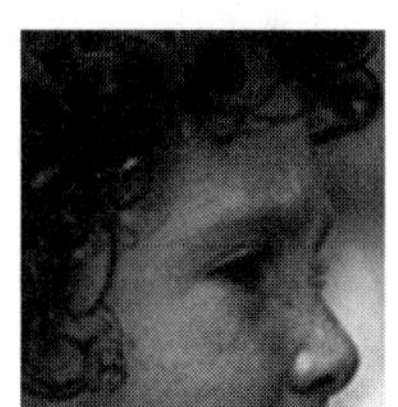

（d）非局部特征方法结果

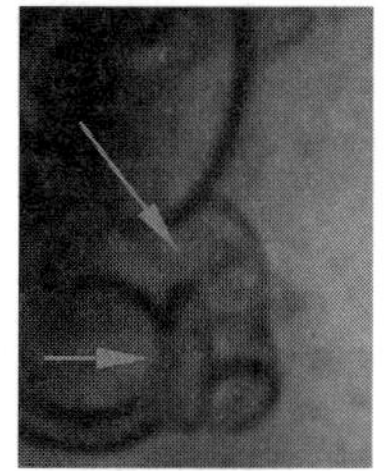

（e）BG 方法结果局部

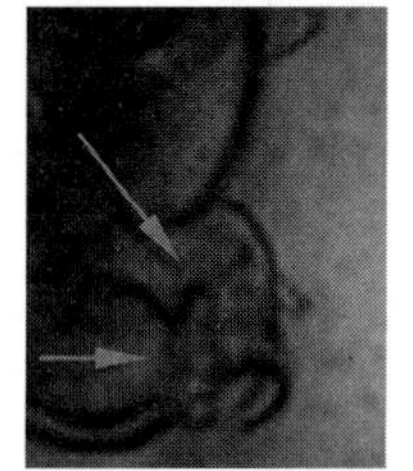

（f）ASDSAR 方法结果局部

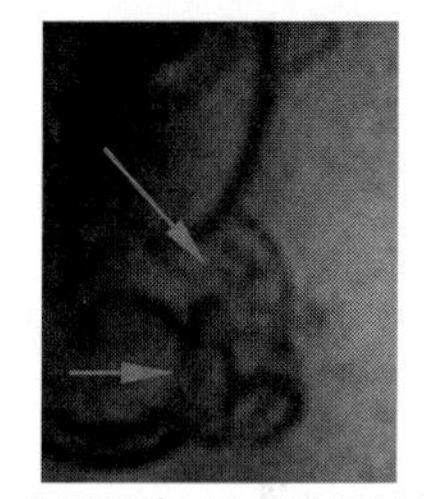

（g）非局部特征方法结果局部

图 4.7　女孩图像 3 倍重建结果及局部 100%显示

与其他方法相比，本节的方法真实地重构了低分辨率图像中的细微信息，这正是图像超分辨率重建问题所希望获得的效果。在图 4.5 所示的纹理图像中，本节方法重构的贝壳纹理看起来比其他方法获得的结果更正确、更清晰。BG 方法过度光滑了图像纹理，使贝壳中的条纹比较模糊；ASDSAR 方法重构的纹理稍好，但本节方法获得的纹理更清晰一些。在图 4.6 的人眼中，第三个栅栏在 ASDSAR 方法中几乎看不出来；BG 方法虽然重构出了第三个栅栏，但是第三个栅栏和第四个栅栏的模糊是显而易见的；本节方法不仅很好地构造出了全部栅栏，而且第一个栅栏和第二个栅栏的视觉感更真实，细节更清楚。在图 4.7 中，可以清楚地看出女孩鬓角的头发在 BG 方法中被过度光滑，在斜向下的箭头处，

ASDSAR 方法把女孩的头发重构成了圆弧形，出现了失真，真实的形状应该是 BG 方法和本节方法重构的样子。另外，在水平箭头指示的地方，ASDSAR 方法也出现了一定程度的失真。

用 MSSIM 值来刻画原始参考图像与重建输出图像之间的差异。本节所使用的测试图像有 Barbara 图像、女孩图像、眼睛图像、老人图像、鹦鹉图像及贝壳图像，用它们去计算 MSSIM 值，从客观指标上对几种方法进行比较。表 4.3 所示为几种方法对测试图像计算的 MSSIM 值，从表中可以看出，本节方法的客观指标在所有实验中都有明显的改善，这表明本节的非局部模型具有较好的效果。

表 4.3　不同方法的 MSSIM 值比较

测试图像	不同方法的 MSSIM 值		
	BG 方法	ASDSAR 方法	本节方法
Barbara 图像	0.9088	0.7801	0.9296
女孩图像	0.9431	0.8242	0.9426
眼睛图像	0.9248	0.8929	0.9652
老人图像	0.9489	0.9426	0.9563
鹦鹉图像	0.9547	0.9093	0.9631
贝壳图像	0.8542	0.7971	0.9023

4.3　局部与非局部正则超分辨率重建方法

低分辨率图像和高分辨率图像之间的关系可以描述为

$$u_0 = Hu \tag{4-45}$$

式中，H 为滤波和降采样算子。

由于 H 的零空间非零，因此方程（4-45）是一个不适定问题。这种不适定问题通常在正则的框架下表示成一个能量泛函来求解：

$$E(u) = J_{\mathrm{d}}(u,u_0) + \lambda J_{\mathrm{r}}(u) \tag{4-46}$$

式中，λ 为正则化系数，用于平衡数字保真项 J_{d} 和正则项 J_{r}。

数据保真项 J_{d} 通常采用经典的最小二乘法表示：

$$J_{\mathrm{d}}(u,u_0) = \frac{1}{2}|Hu - u_0|^2 \tag{4-47}$$

大量文献提出了各种不同的正则项 J_{r} 来具体化方程（4-46）。通常来说，用于图像处理的变分正则技术分为两类：局部正则和非局部正则。在局部正则方法中，如下的 p-Laplace 泛函及其变形在大量文献中被研究：

$$J_{\mathrm{p}}(u)=\int_{\Omega\times\Omega}|\nabla u|^{p}\,\mathrm{d}x\mathrm{d}y \tag{4-48}$$

在方程（4-48）中，$p=1$ 的情况就是 TV 正则，其首先由 Rudin 等提出，在图像去噪、图像增强、图像恢复、图像修补等领域中保持图像边缘起着重要作用。当 $p=2$ 时，方程（4-48）导致各向同性的扩散常被用于消除图像的锯齿现象，与其他约束条件一起构成的正则项也被运用于图像分割。对于 $1<p<2$ 中不同的 p 值，方程（4-48）具有介于 TV 正则和各向同性光滑之间的各向异性扩散性质。

这些局部正则方法只是惩罚图像某个像素点处的灰度值和这点的导数，而且用来指示图像特征方向的经典导数是一个局部算子，包含在该算子里的信息只局限于一点和它的直接邻域，而图像边缘曲线并不是连续曲线(不具有局部性质)。正如文献[8]、[18]中指出的，这种图像处理中有时会产生块状结构、阶梯现象、伪边缘等在真实图像中没有的错误的图像特征。

非局部正则方法的提出是为了更好地尊重图像中的边缘。Kindermanny 等[16]基于如下形式的非局部泛函，首次提出非局部均值和邻域滤波的概念：

$$J_{\mathrm{nl}}(u)=\int_{\Omega\times\Omega}g\left(\frac{|u(x)-u(y)|^{2}}{h^{2}}\right)w(x-y)\mathrm{d}x\mathrm{d}y \tag{4-49}$$

式中，w 为一个适当的正可微加权函数 $g:R^{+}\to R$；h 为亮度差阈值。

当函数 g 选择为 $g(s)=\dfrac{h^{p}}{2p}s^{\frac{p}{2}}$ 时，非局部 p-Laplace 泛函具有如下形式：

$$J_{\mathrm{nl}p}(u)=\frac{1}{2p}\int_{\Omega\times\Omega}|u(x)-u(y)|^{p}\,w(x-y)\mathrm{d}x\mathrm{d}y \tag{4-50}$$

该泛函具有经典的 p-Laplace 泛函［方程（4-48）］的许多性质。非局部 p-Laplace 正则［方程（4-50）］最近广泛应用于静态图像的 saliency 检测、图像去噪和分割。

非局部正则的另一种类型基于图梯度算子（graph gradient operator）。图梯度算子定义如下[23-25]：

$$\begin{cases}\nabla_{x}^{w}u=\left\{\sqrt{w(x,y)}\,[u(y)-u(x)]\right\}_{y}\in R^{n},\forall x\\ |\nabla^{w}u(x)|=\sqrt{\int_{\Omega}[u(y)-u(x)]^{2}w(x,y)\mathrm{d}y}\end{cases} \tag{4-51}$$

由此，这种类型的非局部正则定义如下：

$$J_{\mathrm{nlg}}(u)=\int_{\Omega}g(|\nabla^{w}u|^{2})\mathrm{d}x \tag{4-52}$$

若上述泛函中取 $g(s)=\sqrt{s}$，Gilboa 和 Osher [23]关注如下的非局部 TV 正则：

$$J_{\mathrm{nl\_TV}}=\int_{\Omega}\sqrt{\int_{\Omega}[u(y)-u(x)]^{2}w(x,y)\mathrm{d}y}\mathrm{d}x \tag{4-53}$$

并用它来检测和移除纹理中的不整齐部分（irregularities）和图像修补。通过在方程（4-52）中取 $g(s)=\frac{1}{p}s^{\frac{p}{2}}$，Elmoataz 等[25]提出了一个非局部离散 p-Laplace 泛函正则运用于图像和流形（manifold），相应的非局部正则为

$$J_{\mathrm{nl\_gp}}=\frac{1}{p}\int_{\Omega}|\nabla^{w}u(x)|^{p}\ \mathrm{d}x \tag{4-54}$$

上述非局部泛函并没有考虑图像梯度，对一个不适定问题来说，涉及梯度的泛函可能更好。

4.3.1　非局部变差正则

对泛函（4-49），选择 $g(x)=1-\mathrm{e}^{-x}$，相应的泛函变为

$$J_{\mathrm{nl1}}(u)=\int_{\Omega\times\Omega}\left(1-\mathrm{e}^{-\frac{|u(x)-u(y)|^{2}}{h^{2}}}\right)w(|x-y|)\mathrm{d}x\mathrm{d}y \tag{4-55}$$

其对应的 Euler-Lagrange 方程为

$$u_{t}(x)=\int_{\Omega}\mathrm{e}^{\frac{|u(x)-u(y)|^{2}}{h^{2}}}[u(x)-u(y)]w(|x-y|)\mathrm{d}y \tag{4-56}$$

上面的泛函运用于图像去噪效果明显，但是对于图像去模糊或超分辨率重建这类在 L^{2} 空间中的不适定问题来说，由于不能在一个合适的空间中通过增加 Prokhorov 项对这类问题进行正则，因此并不能起到应有的作用。因此，涉及梯度的泛函更适合不适定问题，对图像去模糊和图像超分辨率重建问题来说，运用从 BV 空间导出的非局部泛函更合适。这种类型的泛函通常具有如下形式：

$$J_{\mathrm{nlbv}}(u)=\int_{\Omega}g\left[|\nabla u(x)-\nabla u(y)|^{2}\right]w(x-y)\mathrm{d}x\mathrm{d}y \tag{4-57}$$

Kindermanny 等[16]取 $g(s)=\sqrt{s+\varepsilon^{2}}$，并把它运用于图像去噪

$$J_{\mathrm{nlbv}}(u):=\int_{\Omega\times\Omega}\sqrt{[\nabla u(x)-\nabla u(y)]^{2}+\varepsilon^{2}}\mathrm{d}x\mathrm{d}y \tag{4-58}$$

式中，$u\in W^{1,1}(\Omega)$。

对 $\varepsilon=0$，泛函［方程（4-58）］相应的 Euler-Lagrange 下降流为

$$u_t(x)=-\int_{\Omega}\mathrm{div}\left[\frac{\nabla u(x)-\nabla u(y)}{|\nabla u(x)-\nabla u(y)|}w(x-y)\right]\mathrm{d}y \tag{4-59}$$

对比方程（4-59）与 TV 正则的 Euler-Lagrange 下降流

$$u_t=\mathrm{div}\left(\frac{\nabla u}{|\nabla u|}\right)$$

并注意到 $w(x-y)$ 不包含图像信息，可以看出方程（4-59）与 TV 正则有些相似的性质。它们都沿着图像特征方向进行能量扩散，保持图像轮廓处的强度和位置变换，从而避免模糊图像边缘。为了增强图像边缘，沿着图像特征方向的正交方向的扩散也应该得到重视，就像 Perona-Malik 各向异性扩散方程一样：

$$u_t=\mathrm{div}[c(x,y,t)|\nabla u|] \tag{4-60}$$

通常函数 $c(x,y,t)$ 选择为

$$c(x,y,t)=\mathrm{e}^{-(|\nabla u|/k)^2}$$

或者

$$c(x,y,t)=\frac{1}{1+(|\nabla u|/k)^2}$$

式中，k 为常数。

要想直接获得上式的 Euler-Lagrange 方程是非常困难的，但可以从非局部泛函［方程（4-52）和方程（4-53）］出发导出类似于方程（4-57）的非局部形式。在 4.3.2 节将导出这种形式的非局部泛函。

4.3.2　图像超分辨率重建的局部与非局部正则

为了更好地利用局部与非局部泛函的性质，本节提出了局部与非局部正则运用于图像超分辨率重建。结合泛函［方程（4-52）和方程（4-53）］提出一个非局部的 BV 泛函：

$$J_{\mathrm{BV}}(u)=\int_{\Omega\times\Omega}\left(1-\mathrm{e}^{-\frac{|\nabla u(x)-\nabla u(y)|^2}{h^2}}\right)w(x-y)\mathrm{d}x\mathrm{d}y \tag{4-61}$$

$J_{\mathrm{BV}}(u)$ 的方向导数计算如下：

$$
\begin{aligned}
&J'_{\mathrm{BV}}(u)v \\
&=\lim_{\alpha\to 0}\frac{1}{\alpha}[J_{\mathrm{BV}}(u+\alpha v)-J_{\mathrm{BV}}(u)] \\
&=\frac{2}{h^2}\int_{\Omega\times\Omega}\mathrm{e}^{-\frac{|\nabla u(x)-\nabla u(y)|^2}{h^2}}[\nabla u(x)-\nabla u(y)][\nabla v(x)-\nabla v(y)]w(x-y)\mathrm{d}x\mathrm{d}y
\end{aligned}
\tag{4-62}
$$

把积分分成包含 $\nabla v(x)$ 和 $\nabla v(y)$ 的两项，当变量 $(x;y)\to(y;x)$ 时，就得到与原式相同的积分，因此可得

$$
J'_{\mathrm{BV}}(u)v=\frac{4}{h^2}\int_{\Omega\times\Omega}\mathrm{e}^{-\frac{|\nabla u(x)-\nabla u(y)|^2}{h^2}}[\nabla u(x)-\nabla u(y)]w(x-y)\mathrm{d}x\nabla v(y)\mathrm{d}y \tag{4-63}
$$

进一步分布积分，可得 J_{BV} 的 Fréchet 导数，一个 $L^2(\Omega)\to R$ 泛函：

$$
J'_{\mathrm{BV}}(u)=\frac{4}{h^2}\int_{\Omega}\mathrm{div}\left(\mathrm{e}^{-\frac{|\nabla u(x)-\nabla u(y)|^2}{h^2}}[\nabla u(x)-\nabla u(y)]w(x-y)\right)\mathrm{d}y \tag{4-64}
$$

相应地，Euler-Lagrange 下降流为

$$
u_t=-\frac{4}{h^2}\int_{\Omega}\mathrm{div}\left(\mathrm{e}^{-\frac{|\nabla u(x)-\nabla u(y)|^2}{h^2}}[\nabla u(x)-\nabla u(y)]w(x-y)\right)\mathrm{d}y \tag{4-65}
$$

可以看出，方程（4-65）与 Perona-Malik 方程（4-60）$\left[c(x,y,t)=\mathrm{e}^{-(|\nabla u|/k)^2}\right]$相似。在图像的平坦区域或缓坡，$|\nabla u(x)-\nabla u(y)|$ 较小，方程（4-65）与 Laplace 演化方程有相似的功能，从而可以用于图像去噪等领域；而在图像边缘处，$|\nabla u(x)-\nabla u(y)|$ 较大，方程（4-65）起着类似于 Perona-Malik 方程的后向扩散作用，从而增强图像边缘。为了进一步消除图像轮廓的振荡边缘，TV 正则应加以考虑。

根据上面的分析，可以建立如下能量泛函，用于图像超分辨率重建[30]：

$$
E(u)=\alpha\int_{\Omega}|\nabla u|\,\mathrm{d}x+\beta\int_{\Omega\times\Omega}\left(1-\mathrm{e}^{-\frac{|\nabla u(x)-\nabla u(y)|^2}{h^2}}\right)w(x-y)\mathrm{d}x\mathrm{d}y+\frac{1}{2}|Hu-u_0|^2 \tag{4-66}
$$

其梯度流为

$$
\begin{cases}
u_t(x,t)=\alpha\mathrm{div}\left(\dfrac{\nabla u}{|\nabla u|}\right)+\beta J(u)-H^{-1}(Hu-u_0) \\
u(x,0)\ =H^{-1}u_0
\end{cases}
\tag{4-67}
$$

其中：

$$
J(u)=\int_{\Omega}\mathrm{div}\left\{\mathrm{e}^{-\frac{|\nabla u(x)-\nabla u(y)|^2}{h^2}}[\nabla u(x)-\nabla u(y)]w(x-y)\right\}\mathrm{d}y \tag{4-68}
$$

核函数 $w:\Omega \to R$ 是一个非负有界连续径向函数， $\sup(w) \subset B(0,d)$ ，$\int_{\Omega} w(z)\mathrm{d}z = 1$ 。

下面对方程(4-67)提出一个数值方案。记 τ 和 Δ 为空间和时间步长；$(x_{1i}; x_{2j})=(i\tau; j\tau)$是网格点；$u^n(i;j)$是函数 $u(n\Delta t; x_{1i}; x_{2j})$的近似，其中 $n \geqslant 0$。方程（4-67）被离散化为

$$
\begin{aligned}
&\frac{u^{n+1}(i,j)-u^n(i,j)}{\Delta t} \\
&=\left[\alpha \mathrm{div}\left(\frac{\nabla u}{|\nabla u|}\right)-H^{-1}(Hu-u_0)\right]_{ij} \\
&\quad+\beta \sum_{(k,l)\in\Omega} \mathrm{div}\left\{\exp\left[-\frac{|\nabla u(i,j)-\nabla u(k,l)|^2}{h^2}\right][\nabla u(i,j)-\nabla u(k,l)]w[(i,j)-(k,l)]\right\}
\end{aligned} \tag{4-69}
$$

在所有的数值实验中，选择如下的核函数：

$$
w(x) := \begin{cases} C\exp\left(\dfrac{1}{|x|^2-d^2}\right), & x<d \\ 0, & x \geqslant d \end{cases} \tag{4-70}
$$

常数 $C>0$，使得$\int_{\Omega} w(x)\mathrm{d}x = 1$， $d=2$。

4.3.3 数值实验与仿真

本小节用大量的图像来检验方程（4-69）的有效性。图 4.8 所示为 9 幅自然图像，分别是 Barbara 图像（512×512）、赛车图像（350×324）、帽子图像、鹦鹉图像、球图像（354×532）、眼睛图像（400×320）、指纹图像（360×364）、花图像、船图像（256×256）。这些图像首先进行 2 倍降采样（没有经过低通滤波），然后超分辨率重建到原始大小，便于计算 PSNR 值和 MSSIM 值，如表 4.4 和表 4.5 所示。用于比较的方法有 NEDI、BSAI[31]、AGMS[32]、LMMSE[33]和 NLBV[16]。图 4.9～图 4.11 所示为部分重建结果，方程（4-69）中选择使人眼对重建图像的主观视觉效果最好的参数，这种视觉效果好坏的差异取决于重建图像边缘、物体轮廓清晰度、平坦区域是否有伪边缘或其他虚像、图像边缘附近是否有振铃现象。本节方法中的参数 $\alpha=0.2$，$\beta=2000$，$h=0.1$，时间步长Δt =0.15，实验表明参数的其他选择对实验结果没有明显的改进。当$|u^{n+1}-u^n|^2<10^{-6}$时，迭代终止，通常只需要几十次迭代。

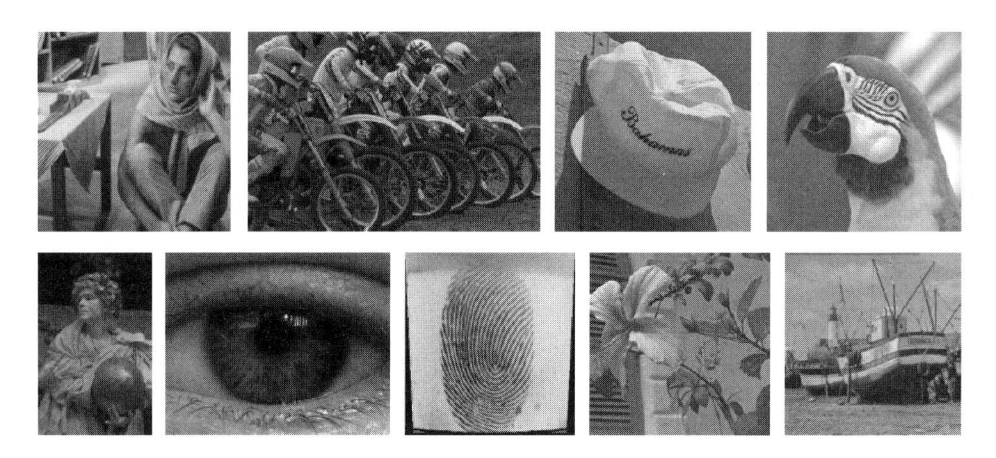

图 4.8　9 幅测试图像

在图 4.9 中，LMMSE 和 NLBV 插值结果在鹦鹉的黑色羽毛条纹处出现了人工虚像（伪边缘和白色的斑点），边缘扭曲现象仍然出现在 AGMS 结果中，局部和非局部方法的插值结果中的黑色条纹羽毛自然而清楚，这是由于 TV 正则平滑图像边缘，从而避免出现锯齿现象；同时，非局部的 BV 正则起着各向异性扩散的作用，增强图像边缘，从而避免边缘模糊。NEDI 和 BSAI 方法中的模糊在图 4.9 中是显而易见的。相同的现象也出现在图 4.10 中。在图 4.10 中，轮胎齿在本节方法结果中是很清楚的，虽然 NLBV 方法也比较清晰，但其是由锯齿现象产生的错觉。图 4.11 说明局部和非局部方法对纹理图像（指纹图像）也具有显著的效果。

（a）NEDI 方法结果

（b）LMMSE 方法结果

（c）BSAI 方法结果

图 4.9　鹦鹉图像超分辨率重建结果比较

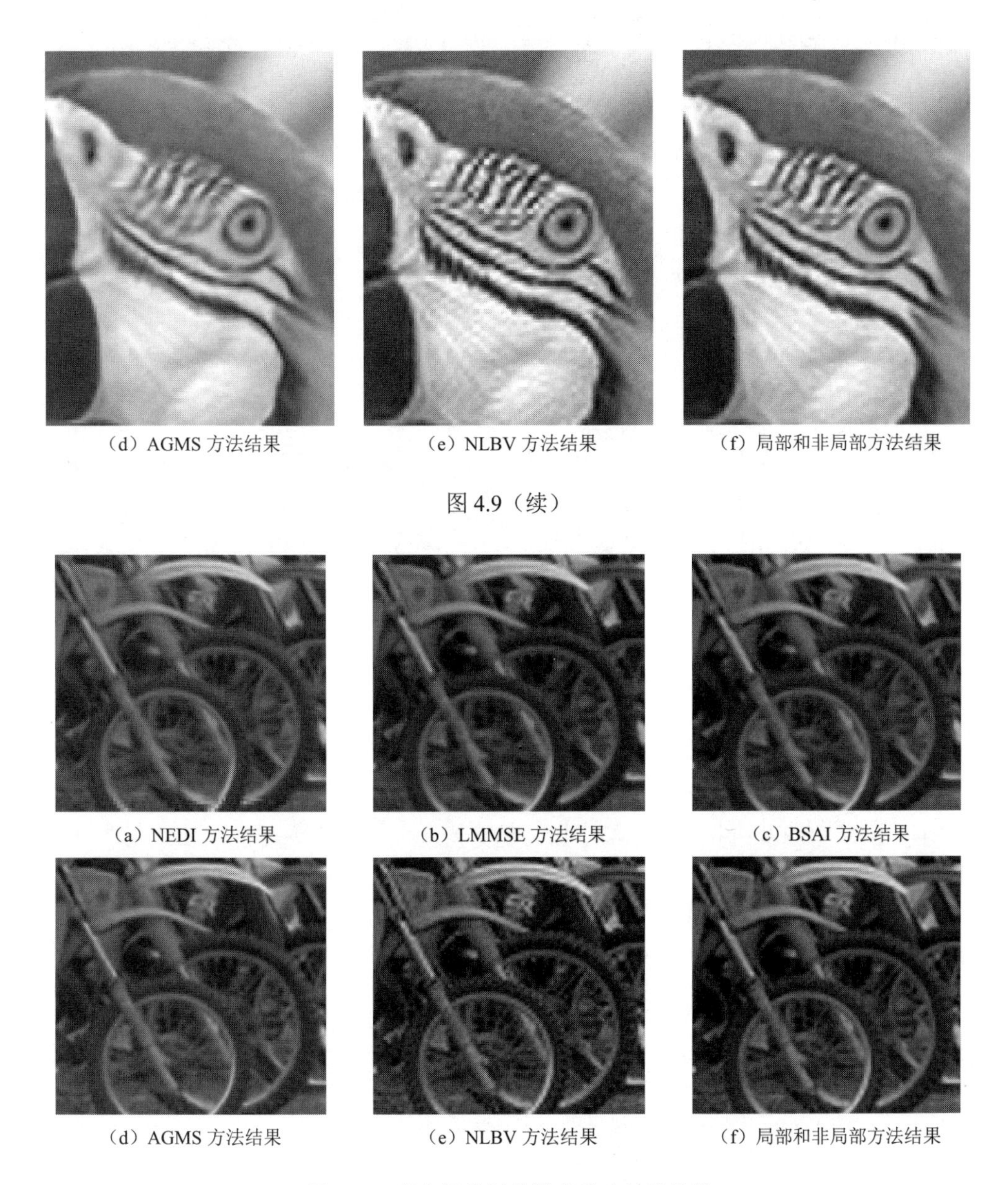

（d）AGMS 方法结果　（e）NLBV 方法结果　（f）局部和非局部方法结果

图 4.9（续）

（a）NEDI 方法结果　（b）LMMSE 方法结果　（c）BSAI 方法结果

（d）AGMS 方法结果　（e）NLBV 方法结果　（f）局部和非局部方法结果

图 4.10　赛车图像超分辨率重建结果比较

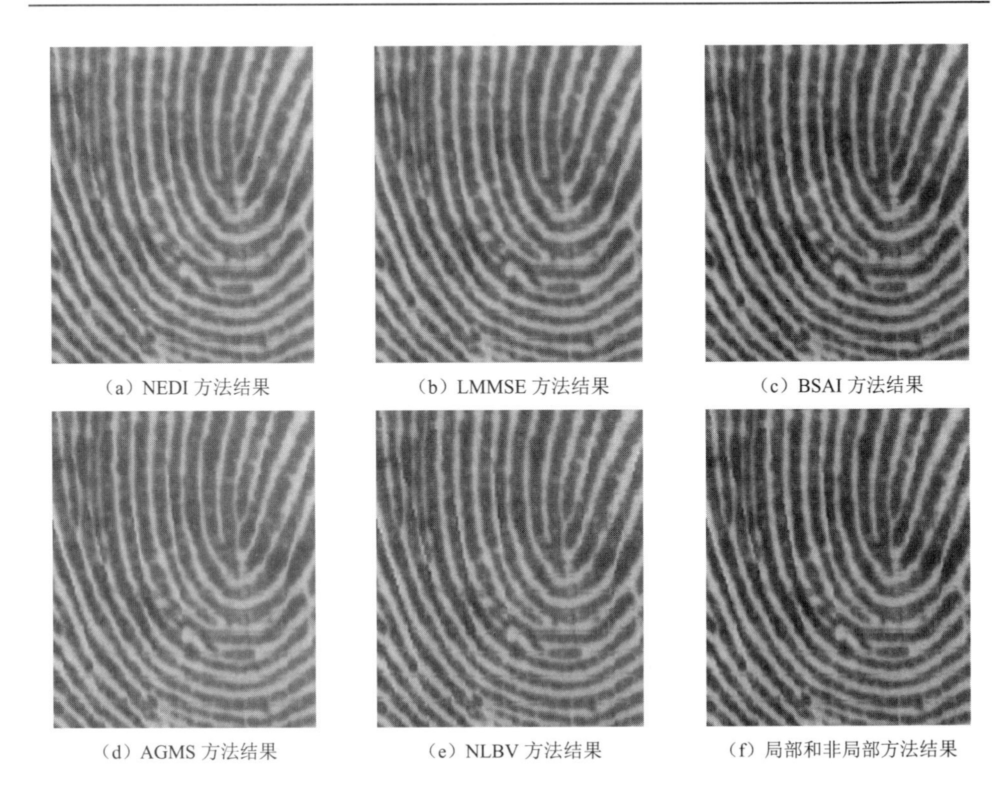

（a）NEDI 方法结果　（b）LMMSE 方法结果　（c）BSAI 方法结果

（d）AGMS 方法结果　（e）NLBV 方法结果　（f）局部和非局部方法结果

图 4.11　指纹图像超分辨率重建结果比较

下面用 PSNR 值和 MSSIM 值作为超分辨率图像的客观评价标准。在计算过程中，使用默认的参数。六种方法的详细数值如表 4.4 和表 4.5 所示。从表 4.4 和表 4.5 中可以看出，局部和非局部方法与其他方法相比，平均有 2 分贝的 PSNR 值改善和 0.05 的 MSSIM 值的提高。

表 4.4　六种方法的 PSNR 值比较

测试图像	不同方法的 PSNR 值					
	NEDI 方法	LMMSE 方法	BSAI 方法	AGMS 方法	NLBV 方法	本小节方法
帽子	28.6606	28.6328	28.8784	30.0459	30.9239	31.3346
鹦鹉	27.6830	27.6966	28.0056	28.1065	31.3969	31.6225
船	25.6305	25.6840	25.8219	27.3422	28.4654	28.5086
赛车	23.6013	23.6792	23.8557	24.3376	26.0261	26.1027
眼睛	29.7578	29.8821	29.9564	31.0001	32.7364	32.6488
球	31.9757	32.1733	32.2449	34.6244	36.3935	36.5681
花	26.7856	26.7789	26.9631	28.6568	30.2598	30.5425
Barbara	23.8678	24.3268	24.3028	25.1123	25.8749	25.5891
指纹	23.7430	24.2690	24.3663	25.5444	26.3480	26.8346

表 4.5　六种方法的 MSSIM 值比较

测试图像	不同方法的 MSSIM 值					
	NEDI 方法	LMMSE 方法	BSAI 方法	AGMS 方法	NLBV 方法	本节方法
帽子	0.8575	0.8548	0.8590	0.8807	0.8949	0.9037
鹦鹉	0.9018	0.9037	0.9066	0.9182	0.9378	0.9433
船	0.7786	0.7823	0.7862	0.8309	0.8653	0.8634
赛车	0.7286	0.7367	0.7445	0.7732	0.8412	0.8344
眼睛	0.8834	0.8879	0.8883	0.9226	0.9443	0.9430
球	0.9093	0.9147	0.9149	0.9468	0.9595	0.9630
花	0.8311	0.8335	0.8401	0.8741	0.9073	0.9131
Barbara	0.9046	0.9011	0.9030	0.9391	0.9811	0.9650
指纹	0.8911	0.8942	0.8973	0.9364	0.9420	0.9480

本 章 小 结

本章首先介绍了一个非局部 p-Laplace 正则的图像超分辨率重建方法，它克服了基于热传导方程的 Belahmidi-Guichard 偏微分方程方法中的局部梯度的局限性。Belahmidi-Guichard 偏微分方程方法使图像能量沿着图像局部梯度方向扩散，而局部梯度并不能很好地指示图像特征方向。非局部 p-Laplace 正则能更好地使图像能量沿图像特征方向扩散，同时保持图像的不连续性与一维结构。

其次，探讨了一种结合图像局部信息的非局部特征方向图像超分辨率重建方法。以图像的非局部梯度方向而不是传统的梯度方向作为图像的特征方向的方法克服了传统梯度的局部限制，使图像能量泛函沿着图像特征方向进行扩散，从而避免对图像边缘的模糊。扩散过程中的扩散强度由局部 Hessian 矩阵的特征值控制，其优点是便于数值方法的离散化。然而，非局部方法本身不可避免地存在方法计算复杂度高的问题，如何进一步在保持非局部优点的同时简化计算复杂度是广大学者进一步研究的课题，也是本书今后的工作。

最后，介绍了一个结合局部正则与非局部正则的图像超分辨率重建方法。它结合了局部正则和非局部正则的优点：局部正则保持图像的不连续性及一维结构，非局部正则使能量扩散沿着较为精确的图像特征方向进行。非局部正则保证图像特征信息从一个较大的图像邻域中获得。

参 考 文 献

[1]　WANG Q, WARD R. A new edge-directed image expansion scheme[C]. Proceedings 2001 International

Conference on Image Processing, Thessaloniki, Greece 2001, 3: 899-902.

[2] MORSE B S, SCHWARTZWALD D. Image magnification using level-set reconstruction[C]. Proceedings of the 2001 IEEE. Computer Society Conference on Computer Vision and Pattern Recognition, Kauai, HI, USA, 2001(1): 333-340.

[3] CHA C, KIM S. Edge-forming methods for image zooming[J]. Journal of Mathematical Imaging and Vision, 2006, 25（3）: 353-364.

[4] MALGOUYRES F, GUICHARD E. Edge direction preserving image zooming: a mathematical and numerical analysis[J]. SIAM Journal Numerical Analysis, 2001, 39（1）: 1-37.

[5] ALY H A, DUBOIS E. Image up-sampling using total-variation regularization with a new observation model [J]. IEEE Transactions on Image Processing, 2005, 14（10）:1647-1659.

[6] BELAHMIDI A, GUICHARD F. A partial differential equation approach to image zoom[C]. Proceedings of IEEE International Conference on Image Processing（ICIP '04）, Singapore, 2004: 649-652.

[7] CHASSEIGNE E, CHAVES M, ROSSI J D. Asymptotic behaviour for nonlocal diffusion equations[J]. Journal de Mathématiques Pures et Appliquées, 2006（86）: 271-291.

[8] RING W. Structural properties of solutions to total variation regularization problems[J]. ESAIM: Mathematical Modelling and Numerical Analysis Modélisation Mathématiques, 2000, 34（4）: 799-810.

[9] YOU Y L. XU W, TANNENBAUM A, et al. Behavioral analysis of anisotropic diffusion in image processing[J]. IEEE Transaction on Image Processing, 1996, 5（11）: 1539-1553.

[10] CARMONA R A, ZHONG S. Adaptive smoothing respecting feature directions[J]. IEEE Transactions on Image Processing, 1998, 7（3）: 353-358,

[11] ZHAN Y. The Nonlocal p-Laplacian evolution for image interpolation[J]. Mathematical Problems in Engineering, 2011: 1-11.

[12] ZHANG H, PENG Q, WU Y. Wavelet inpainting based on p-Laplace operator[J]. Acta Automatica Sinica, 2007, 33（5）: 546-549.

[13] ANDREU F, MAZÓN J, ROSSI J, et al. A nonlocal p-Laplacian evolution equation with neumann boundary conditions[J]. Journal de Mathématiques Pures et Appliquées, 2008, 90（2）: 201-227.

[14] ROUSSOS A, MARAGOS P. Vector-Valued Image Interpolation by an Anisotropic Diffusion-Projection PDE[C]//International Conference on Scale Space and Variational Methods in Computer Vision, Springer-Verlag, 2007: 104-115.

[15] RUDIN L, OSHER S, FATEMI E. Nonlinear total variation based noise removal algorithms [J]. Physica D: Nonlinear Phenomena, 1992, 60（1-4）: 259-268.

[16] KINDERMANNY S, OSHERZ S, JONES P W. Deblurring and denoising of images by nonlocal functional [J]. SIAM Multiscale Modeling and Simulation, 2005, 4（4）:1091-1115.

[17] WOLFGANG R. Structural properties of solutions to total variation regularization problems[J]. ESAIM: Mathematical Modelling and Numerical Analysis, 2000, 34（4）:799-810.

[18] DOBSON D C, SANTOSA F. Recovery of blocky images from noisy and blurred data [J]. SIAM Journal on Applied Mathematic, 1996, 56（4）:1181-1198.

[19] 徐焕宇, 孙权森, 李大禹, 等. 基于投影的稀疏表示与非局部正则化图像复原方法[J]. 电子学报, 2014, 42(7): 1299-1304.

[20] ZHOU F, XIA S T, LIAO Q. Nonlocal pixel selection for multisurface fitting-based super-resolution[J]. IEEE Transactions on Circuits and Systems for Video Technology, 2014, 24（12）: 2013-2017.

[21] YANG S, LI J X. Nonlocal patch-based method on spatially-variant amoeba morphology for image restoration[J]. Optik, 2015, 126（2）: 283-288.

[22] JI J, WANG K L. A robust nonlocal fuzzy clustering algorithm with between-cluster separation measure for SAR image segmentation[J]. IEEE Journal of Selected Topics in Applied Earth Observations and Remote Sensing, 2014, 7（12）: 4929-4936.

[23] GILBOA G, OSHER S. Nonlocal operators with applications to image processing[J]. Multiscale Modeling and Simulation, 2008, 7（3）:1005-1028.

[24] PEYRÉ G, BOUGLEUX S, COHEN L. Non-local regularization of inverse problems[C]//ECCV'2008: Proceedings of the 10th European Conference on Computer Vision, Marseille, France, 2008: 57-68.

[25] ELMOATAZ A, LEZORAY O, BOUGLEUX S. Nonlocal discrete *p*-Laplacian driven image and manifold processing[J]. Comptes Rendus Mécanique, 2008, 336（5）:428-433.

[26] PERONA P, MALIK J. Scale-space and edge detection using anisotropic diffusion [J]. IEEE Transactions on Pattern Analysis and Machine Intelligence, 1990, 12（7）:629-639.

[27] ZHOU D, SCHOLKOPF B. Regularization on discrete spaces [M]. Pattern Recognition Lecture Notes in Computer Science, 2005.

[28] 詹毅，李梦. 非局部特征方向图像插值方法研究[J]. 电子学报，2016, 44（5）：1063-1069.

[29] DONG W, ZHANG L, SHI G, et al. Image deblurring and super-resolution by adaptive sparse domain selection and adaptive regularization[J]. IEEE Transactions on Image Processing, 2011, 20（7）:1838-1857.

[30] ZHAN Y, LI S J, LI M. Local and Nonlocal regularization to image interpolation[J]. Mathematical Problems in Engineering, 2004: 1-8.

[31] HUNG K W, SIU W C. Fast image interpolation using bilateral filter[J]. IET Image Process, 2012, 6（7）: 877-890.

[32] WANG L, XIANG S, MENG G, et al. Edge-directed single image super-resolution via adaptive gradient magnitude self-interpolation[J]. IEEE Transaction on Circuits and Systems for Video Technology, 2013, 23（8）: 1289-1299.

[33] ZHANG L, WU X. An edge-guided image interpolation algorithm via directional filtering and data fusion[J]. IEEE Transactions on Image Processing, 2006, 15（8）: 2226-2238.

第 5 章　基于变分方法的非迭代快速方法

前几章的图像超分辨率重建方法，不管是局部正则还是非局部正则方法都需要反复迭代求解。这种迭代求解方法的运算复杂度较高，耗时较长。而基于插值函数的方法（如双线性插值、双三次插值等）能够在较短的时间获得放大的图像。因此，探索视觉效果良好的超分辨率函数更具有工程应用价值。

本章探索基于变分方法的超分辨率重建函数——非迭代等强度线重构、非局部自适应邻域滤波图像超分辨率函数，它能够产生视觉效果良好的重建图像。这些函数是在直接求解一个非线性偏微分方程的近似稳定状态解的过程中得到的，可使图像在等强度方向上像素的曲率最小，从而获得光滑的图像轮廓。另外，它们也能进行任意倍的图像超分辨率重建。

5.1　非迭代等强度线重构图像超分辨率重建

5.1.1　边缘自适应图像超分辨率重建

Jiang 和 Moloney [1]把图像超分辨率重建表示成如下的变分问题求解：

$$\begin{cases} \hat{f} = \min\limits_{f}\left(\int_x\int_y \left|\nabla f(x,y)\right| \mathrm{d}x\mathrm{d}y\right) & (5\text{-}1) \\ \hat{\theta} = \min\limits_{\theta}\left\{\int_x\int_y \left[1-\cos\left(\left|\nabla\theta(x,y)\right|\right)\right]\mathrm{d}x\mathrm{d}y\right\} & (5\text{-}2) \end{cases}$$

并满足如下约束条件：

$$\begin{cases} f(ms\tau, ns\tau) = g(m,n), \quad 0 \leqslant m \leqslant \left\lfloor \dfrac{w}{s\tau} \right\rfloor, 0 \leqslant n \leqslant \left\lfloor \dfrac{h}{s\tau} \right\rfloor & (5\text{-}3) \\ \theta(ms\tau, ns\tau) = \theta'(m,n), \quad 0 \leqslant m \leqslant \left\lfloor \dfrac{w}{s\tau} \right\rfloor, 0 \leqslant n \leqslant \left\lfloor \dfrac{h}{s\tau} \right\rfloor & (5\text{-}4) \end{cases}$$

式中，$g(m,n)$ 为原始输入图像；τ 为重建图像的网格尺寸，假设在 x 方向和 y 方向上网格尺寸相同；w 和 h 分别为图像的宽度和高度；s 为放大尺度因子；$\theta(x,y)=\arg[\nabla f(x,y)]$为 $f(x,y)$的梯度角［在具体实现时，作者采用一种数值方法来估计原始网格上的 $\theta'(m,n)$］。

方程（5-1）中的$\nabla f(x,y)[=(f_x,f_y)]$与方程（5-2）中的梯度角$\hat{\theta}$满足如下关系：

$$\begin{cases} \dfrac{f_x}{\sqrt{f_x^2+f_y^2}}=\cos[\hat{\theta}(x,y)] \\ \dfrac{f_y}{\sqrt{f_x^2+f_y^2}}=\sin[\hat{\theta}(x,y)] \end{cases} \tag{5-5}$$

方程（5-1）的欧拉方程为

$$\nabla\cdot\left(\frac{\nabla f(x,y)}{\left|\nabla f(x,y)\right|}\right)=0 \tag{5-6}$$

展开方程（5-6）并代入方程（5-5），化简可得

$$f_{xx}\sin^2\hat{\theta}+f_{yy}\cos^2\hat{\theta}-(f_{xy}+f_{yx})\cos\hat{\theta}\sin\hat{\theta}=0 \tag{5-7}$$

方程（5-7）中的$\hat{\theta}$由方程（5-2）按下面的方式进行计算。方程（5-2）的欧拉方程为

$$\nabla\left(\frac{\sin\left(\left|\nabla\theta(x,y)\right|\right)}{\left|\nabla\theta(x,y)\right|}\nabla\theta(x,y)\right)=0 \tag{5-8}$$

该数值估计只用到了 4 个对角像素。因此，方程（5-8）的解为

$$\theta(x,y)=\arctan\left[\frac{\sum_k\sin(\theta_k)}{\sum_k\cos(\theta_k)}\right]+2k\pi \tag{5-9}$$

由于方程（5-9）与梯度模的大小无关，从而在弱特征区域可能会产生降低视觉效果的人工虚像。因此，在方程（5-9）中引入了一个权系数：

$$\hat{\theta}(x,y)=\arctan\left(\frac{\sum_k A_k\sin\theta_k}{\sum_k A_k\cos\theta_k}\right)+2k\pi \tag{5-10}$$

式中，A_k为与像素k相对应的梯度模。

至此，变分问题方程（5-1）～方程（5-4）的解为方程（5-7）和方程（5-10）。离散化方程（5-7）就可以得到一个用于重建的函数。按式（5-11）与式（5-12）离散化方程（5-7），并记$f(m\tau,n\tau)$为$f(m,n)$：

$$\begin{cases} f_{xx}(m\tau,n\tau) \approx [f(m-1,n)+f(m+1,n)-2f(m,n)]/\tau^2 \\ f_{yy}(m\tau,n\tau) \approx [f(m,n-1)+f(m,n+1)-2f(m,n)]/\tau^2 \\ f_{xy}(m\tau,n\tau) \approx [f(m+1,n+1)+f(m-1,n-1)-f(m-1,n+1)-f(m+1,n-1)]/4\tau^2 \end{cases} \tag{5-11}$$

以及

$$\begin{cases} f(m,n-1) \approx [g(m+1,n-1)+g(m-1,n-1)]/2 \\ f(m,n+1) \approx [g(m+1,n+1)+g(m-1,n+1)]/2 \\ f(m-1,n) \approx [g(m-1,n-1)+g(m-1,n+1)]/2 \\ f(m+1,n) \approx [g(m+1,n-1)+g(m+1,n+1)]/2 \end{cases} \tag{5-12}$$

把方程（5-11）和方程（5-12）代入方程（5-7）并求解 $f(m,n)$，则根据它的四个对角相邻像素可以得到在高分辨率采样网格中 $f(m,n)$的值：

$$\begin{aligned} f(m,n) = &\frac{1}{4}[g(m+1,n+1)+g(m-1,n+1)+g(m+1,n-1)+g(m-1,n-1)] \\ &-\frac{1}{2}[g(m+1,n+1)+g(m-1,n-1)-g(m-1,n+1)-g(m+1,n-1)]\cos\hat{\theta}\sin\hat{\theta} \end{aligned} \tag{5-13}$$

方程（5-13）产生了一个快速的 2 倍图像超分辨率重建方法，如图 5.1 所示。重建过程分为如下两步：

1）原始网格中的像素直接对应到高分辨率网格，如$(m-1, n-1)$、$(m+1, n-1)$、$(m-1, n+1)$、$(m+1, n+1)$。像素(m, n)的灰度根据方程（5-13）由它的方向估计和 4 个对角像素计算。像素$(m-2, n)$、$(m, n-2)$、$(m+2, n)$、$(m, n+2)$按相同的方式计算。

2）对于像素$(m-1, n)$，可以由像素$(m-2, n)$、$(m-1, n-1)$、(m, n)、$(m-1, n+1)$用上一步的方法计算，因为这些像素之间的相对位置与上一步中的像素相对位置相似，只是相差一个 90° 的旋转。用同样的方法可计算$(m, n-1)$、$(m+1, n)$、$(m, n+1)$。

由方程（5-1）可知，边缘自适应超分辨率重建方法的变分形式［方程（5-1）］就是 TV 正则化方法中的正则化因子，其实质是保持等强度线的连续性。由第 3 章可知，它使能量扩散沿着与梯度正交的方向进行，从而消除图像边缘的锯齿现象。梯度方向约束避免长边缘出现振荡现象。因此，这种方法能产生光滑的图像轮廓。但是，在尖点、角点等处梯度方向变化剧烈，这些地方梯度方向估计得不精确使重建图像失真明显。另外，这种方法只能以 2 的整数次幂进行超分辨率重建，限制了它的实际工程应用。

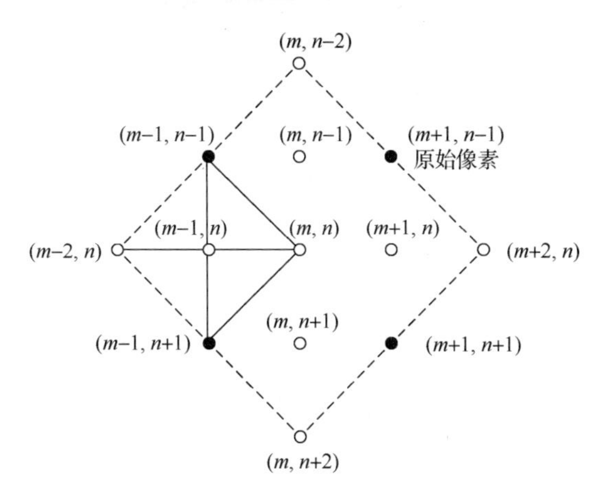

图 5.1　边缘自适应超分辨率重建网格

5.1.2　自适应双线性超分辨率重建

在方程（5-14）中，G 为表示插值的二元函数，f 为输出数字图像[2]：

$$f_{k,l} = G\left(\frac{k}{s}, \frac{l}{s}\right) \tag{5-14}$$

式中，s 为放大尺度因子；k 和 l 为像素位置。

若(x,y)是图 5.2 所示的矩形网格$[x_i,\ x_{i+1}]\times[y_j,\ y_{j+1}]$内的点，则二维双线性插值函数 G_{bil} 由下式给出：

$$G_{\text{bil}}(x,y) = (1-l)[(1-k)g_{i,j} + kg_{i+1,j}] + l[(1-k)g_{i,j+1} + kg_{i+1,j+1}] \tag{5-15}$$

式中，$k = x - x_i$；$l = y - y_i$。

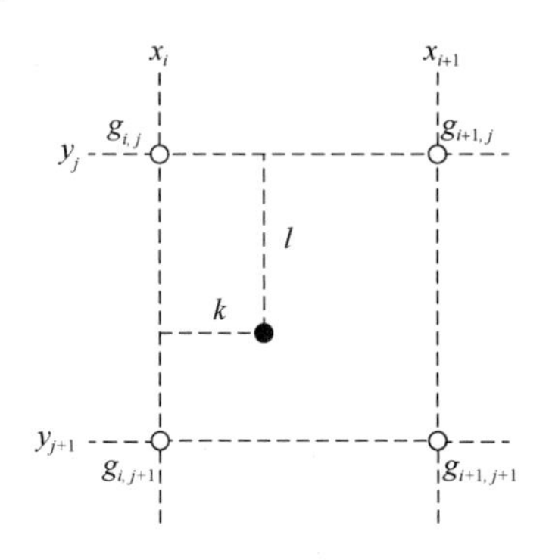

图 5.2　双线性插值网格

从方程（5-15）可以看出，每个输出图像像素的权值只是距离 k 和 l 的函数，如图 5.2 所示。正是由于传统的双线性、双三次插值只是距离的函数而忽略了图像的局部特征，因此在图像边缘处容易形成模糊或锯齿现象。图 5.3 所示为一维双线性插值方法的原理。从图 5.3 中可以看出，这种只依赖于距离的方法其缺点是显而易见的。

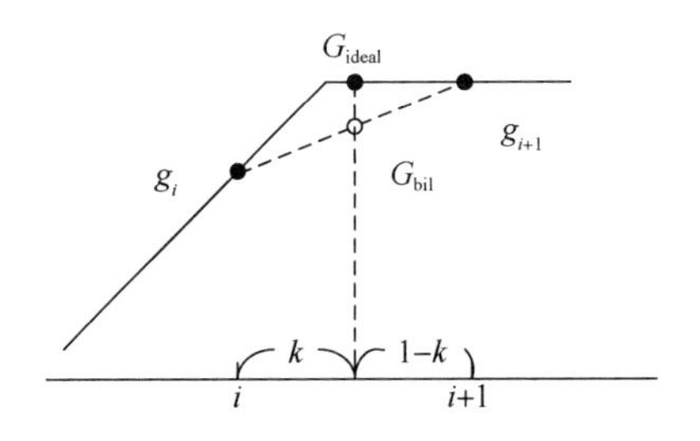

图 5.3　一维双线性插值

在图像梯度变化剧烈的[i, i+1]区间上，双线性插值 G_{bil} 不能正确地表示真实的点 G_{ideal}。这种现象在二维图像中仍然存在。因此，要使 G_{bil} 更接近于 G_{ideal}，应改变 $G_{\text{bil}}=(1-k)g_i+kg_{i+1}$ 中的权系数（$1-k$）和 k。事实上，除了依赖于距离外，权系数也应依赖于图像的局部特征。如果用 g_i 和 g_{i+1} 的规范化局部梯度去除权值（$1-k$）和 k，则由于 g_i 的局部梯度大而使 g_i 的权值较小，g_{i+1} 的局部梯度小而使 g_{i+1} 的权值较大，从而 G_{bil} 变大，使 G_{bil} 更接近于 G_{ideal}。因此，权系数应由 g_i 和 g_{i+1} 的逆梯度比例决定。由此，Hwang 和 Lee[2]提出了基于逆梯度权系数的自适应方法来改善传统的双线性、双三次插值图像质量。

图 5.4 所示为 4 个用来产生相应的逆梯度权系数 H_{l}、H_{r}、V_{u}、V_{l} 的模板。例如，H_{l} 由水平方向左模板计算，它由 4 个像素组成：$g_{i-1,j}$、$g_{i,j}$、$g_{i-1,j+1}$、$g_{i,j+1}$。

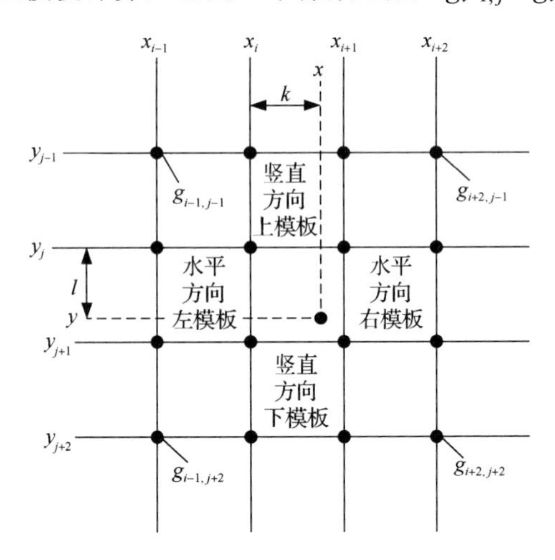

图 5.4　逆梯度权系数计算模板

逆梯度权系数定义如下：

$$\begin{cases} H_1 = \dfrac{1}{\sqrt{1+\alpha[\text{abs}(g_{i,j}-g_{i-1,j})+\text{abs}(g_{i,j+1}-g_{i-1,j-1})]}} \\ H_r = \dfrac{1}{\sqrt{1+\alpha[\text{abs}(g_{i+1,j}-g_{i+2,j})+\text{abs}(g_{i+1,j+1}-g_{i+2,j+1})]}} \\ V_u = \dfrac{1}{\sqrt{1+\alpha[\text{abs}(g_{i,j}-g_{i,j-1})+\text{abs}(g_{i+1,j}-g_{i+1,j-1})]}} \\ V_1 = \dfrac{1}{\sqrt{1+\alpha[\text{abs}(g_{i,j+1}-g_{i,j+2})+\text{abs}(g_{i+1,j+1}-g_{i+1,j+2})]}} \end{cases} \tag{5-16}$$

式中，α 是锐化常数，用于控制图像边缘的锐化程度，其值介于 0～1。

当逆梯度权系数为 1 时，它就变为传统的双线性插值系数；当 α 增大时，逆梯度权系数小于 1，从而产生较锐化的插值图像。使用该逆梯度权系数，自适应双线性插值函数定义为

$$G_{\text{bil}}^{\text{A}}(x,y) = w_0^{\text{v}}(w_0^{\text{h}} g_{i,j} + w_1^{\text{h}} g_{i+1,j}) + w_1^{\text{v}}(w_0^{\text{h}} g_{i,j+1} + w_1^{\text{h}} g_{i+1,j+1}) \tag{5-17}$$

其中：

$$w_0^{\text{h}} = [H_1(1-k)/D_{\text{bil}}^{\text{h}}]$$

$$w_1^{\text{h}} = (H_r k / D_{\text{bil}}^{\text{h}})$$

$$w_0^{\text{v}} = [V_u(1-l)/D_{\text{bil}}^{\text{v}}]$$

$$w_1^{\text{v}} = (V_1 l / D_{\text{bil}}^{\text{v}})$$

$$D_{\text{bil}}^{\text{h}} = H_1(1-k) + H_r k$$

$$D_{\text{bil}}^{\text{v}} = V_u(1-l) + V_1 l$$

二维双三次插值函数 G_{bic} 具有如下形式[3]：

$$G_{\text{bic}}(x,y) = \sum_{n=-1}^{2}\sum_{m=-1}^{2} g_{i+m,j+n} P_{m+1}(k) P_{n+1}(l) \tag{5-18}$$

其中：

$$P_0(z) = (-z^3 + 2z^2 - z)/2$$

$$P_1(z) = (3z^3 - 5z^2 + 2)/2$$

$$P_2(z) = (-3z^3 + 4z^2 + z)/2$$

$$P_3(z) = (z^3 - z^2)/2$$

$$k = x - x_i$$

$$l = y - y_j$$

把方程（5-16）中的逆梯度权系数运用到双三次插值，自适应的双三次插值定义如下：

$$G_{\text{bic}}^{\text{A}}(x,y) = \sum_{n=-1}^{2}\sum_{m=-1}^{2} g_{i+m,j+n} w_{m+1}^{\text{h}}(k) w_{n+1}^{\text{v}}(l) \tag{5-19}$$

其中：

$$w_0^{\text{h}}(z) = [P_0(z) / D_{\text{bic}}^{\text{h}}]$$

$$w_1^{\text{h}}(z) = [H_1 P_1(z) / D_{\text{bic}}^{\text{h}}]$$

$$w_2^{\text{h}}(z) = [H_{\text{r}} P_2(z) / D_{\text{bic}}^{\text{h}}]$$

$$w_3^{\text{h}}(z) = [P_3(z) / D_{\text{bic}}^{\text{h}}]$$

$$w_0^{\text{v}}(z) = [P_0(z) / D_{\text{bic}}^{\text{v}}]$$

$$w_1^{\text{v}}(z) = [V_{\text{u}} P_1(z) / D_{\text{bic}}^{\text{v}}]$$

$$w_2^{\text{v}}(z) = [V_1 P_2(z) / D_{\text{bic}}^{\text{v}}]$$

$$w_3^{\text{v}}(z) = [P_3(z) / D_{\text{bic}}^{\text{v}}]$$

$$D_{\text{bic}}^{\text{h}} = P_0(z) + H_1 P_1(z) + H_{\text{r}} P_2(z) + P_3(z)$$

$$D_{\text{bic}}^{\text{v}} = P_0(z) + V_{\text{u}} P_1(z) + V_1 P_2(z) + P_3(z)$$

自适应双线性插值能够对图像进行任意倍数的重建，在增强重建图像边缘方面优势明显。但是，由于这种方法只考虑边缘梯度方向的权系数均衡，而边缘梯度正交方向却没有任何约束，必然会形成锯齿状边缘，特别是超分辨率重建倍数较大时这种现象就更明显了。

5.1.3　等强度线重构

根据前文所述，保持等强度线的连续性能有效消除边缘锯齿现象，如 TV 正则化、边缘自适应方法等。另外，结合局部梯度特性的超分辨率重建方法能产生锐化的图像边缘。结合二者的优点，本小节提出等强度线重构超分辨率重建方法。

从视觉意义上来说，图像中重要的几何性质是它的等强度线。这些等强度线在图像中以物体的轮廓线显示出来。因此，等强度线重构可以更好地刻画图像中

的物体轮廓，产生较好的视觉效果。为了实现等强度线的重构，可以选择 $f(x_0)$ 为其等强度线上相邻像素的平均值，即

$$f(x_0)=\frac{1}{2}\left[f\left(x_0+h\frac{\nabla^{\perp}f}{|\nabla f|}\right)+f\left(x_0-h\frac{\nabla^{\perp}f}{|\nabla f|}\right)\right] \tag{5-20}$$

式中，$\nabla^{\perp}f$ 为与梯度 ∇f 正交的向量。

在方程（5-20）中，用 $\boldsymbol{\xi}$ 记 $\nabla^{\perp}f/|\nabla f|$，即 $\boldsymbol{\xi}$ 是与边缘相切的单位向量，从而方程（5-20）可以改写为

$$f(x_0)=\frac{1}{2}[f(x_0+h\boldsymbol{\xi})+f(x_0-h\boldsymbol{\xi})] \tag{5-21}$$

用 Taylor 级数展开 $f(x_0+h\boldsymbol{\xi})$：

$$f(x_0+h\boldsymbol{\xi})=f(x_0)+h\boldsymbol{\xi}\cdot\nabla f+\frac{1}{2}h^2\nabla^2 f(\boldsymbol{\xi},\boldsymbol{\xi})+o(h^3) \tag{5-22}$$

式中，$\nabla^2 f(\boldsymbol{\xi},\boldsymbol{\xi})=\boldsymbol{\xi}^{\mathrm{T}}\nabla^2 f\boldsymbol{\xi}$。

以相同的方式展开 $f(x_0-h\boldsymbol{\xi})$，并与方程（5-22）一起代入方程（5-21），令 $h\to 0$ 并截取高阶项，得到下面的方程：

$$\nabla^2 f(\boldsymbol{\xi},\boldsymbol{\xi})=0 \tag{5-23}$$

注意到 $\nabla^2 f(\boldsymbol{\xi},\boldsymbol{\xi})=\kappa(f)|\nabla f|$，则方程（5-23）改写为

$$\kappa(f)|\nabla f|=0 \tag{5-24}$$

式中，$\kappa(f)$ 为 f 在等强度线上 x_0 处的欧几里得曲率。

因此，这种类型的超分辨率重建可以通过寻求如下二阶偏微分方程的稳定状态解得到：

$$f_t=\kappa(f)|\nabla f| \tag{5-25}$$

该方程的稳定状态为

$$\kappa=\mathrm{div}\left(\frac{\nabla f}{|\nabla f|}\right)=0 \tag{5-26}$$

式中，div 为散度算子。

下面通过直接寻找方程（5-26）的近似稳定状态解获得重建函数。如图 5.5 所示，高分辨率网格像素 $f_O(x,y)$ 与它的邻近原始像素，即 $g_{i,j}$、$g_{i+1,j}$、$g_{i,j+1}$、$g_{i+1,j+1}$，有着密切的关系。

设 $\boldsymbol{v}_O=(\boldsymbol{v}_O^1,\boldsymbol{v}_O^2)=\nabla f_O/|\nabla f_O|$，则散度首先被离散化为如下形式[4]：

$$\operatorname{div}(\boldsymbol{v}_O)=\frac{\partial \boldsymbol{v}_O^1}{\partial x}+\frac{\partial \boldsymbol{v}_O^2}{\partial y}\approx\frac{v_e^1-v_w^1}{\tau}-\frac{v_n^2-v_s^2}{\tau} \tag{5-27}$$

式中，τ 为网格尺寸，在图像处理中通常取值 1。

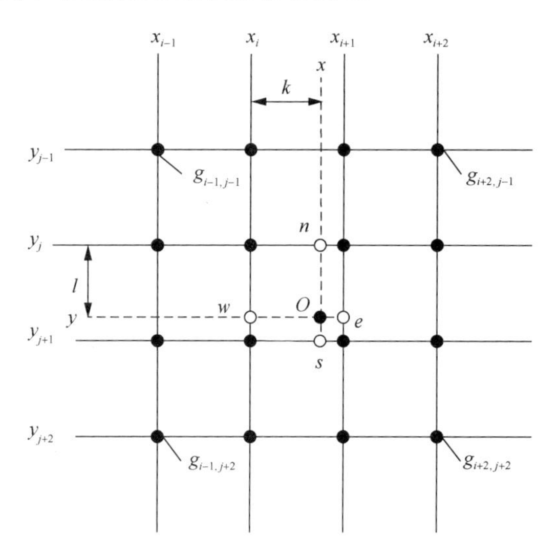

图 5.5 像素 $O(x,y)$与它的邻近原始像素之间的关系

对图像信息不能直接得到的像素（如 e、n、w、s 处的像素）做进一步的近似计算，如对像素 e：

$$v_e^1=\frac{1}{|\nabla f_e|}\left[\frac{\partial f_O}{\partial x}\right]_e\approx\frac{1}{|\nabla f_e|}\frac{f_e-f_O}{1-k} \tag{5-28}$$

式中，$f_e\approx(1-l)g_{i+1,j}+lg_{i+1,j+1}$；$|\nabla f_e|\approx\sqrt{f_{eh}^2+f_{ev}^2}$；$k=x-x_i$；$l=y-y_j$。
其中，$f_{eh}\approx(1-l)(g_{i+2,j}-g_{i,j})/2\tau+l(g_{i+2,j+1}-g_{i,j+1})/2\tau$；$f_{ev}\approx(1-l)(g_{i+1,j-1}-g_{i+1,j+1})/2\tau+l(g_{i+1,j}-g_{i+1,j+2})/2\tau$。

也就是说，通过加权平均$(g_{i+2,j}-g_{i,j})/2\tau$ 和$(g_{i+2,j+1}-g_{i,j+1})/2\tau$ 得到$[\partial f/\partial x]_e$ 的近似计算，通过加权平均$(g_{i+1,j-1}-g_{i+1,j+1})/2\tau$ 和$(g_{i+1,j}-g_{i+1,j+2})/2\tau$ 得到$[\partial f/\partial y]_e$ 的近似计算。其他像素可以用同样的方法进行计算。因此，在像素 O，方程（5-26）离散化为如下形式：

$$0=\sum_{P\in\Lambda_O}\frac{1}{\lambda_P|\nabla f_P|}(f_O-f_P) \tag{5-29}$$

式中，$\Lambda_O=\{e,n,w,s\}$；$\lambda_P\in\{1-k,l,k,1-l\}$。定义：

$$w_P=\frac{1}{\lambda_P|\nabla f_P|},\quad P\in\Lambda_O$$

$$h_{OP} = \frac{w_P}{\sum_{Q \in \Lambda_O} w_Q}$$

从而高分辨率像素 O 的灰度按如下形式计算：

$$\begin{aligned} f_O &= \sum_{P \in \Lambda_O} h_{OP} f_P \\ &= [(1-k)h_{ON} + (1-l)h_{OW}]g_{i,j} + [(1-l)h_{OE} + kh_{ON}]g_{i+1,j} \\ &\quad + [lh_{OW} + (1-k)h_{OS}]g_{i,j+1} + (lh_{OE} + kh_{OS})g_{i+1,j+1} \end{aligned} \tag{5-30}$$

原始低分辨率图像 $g(p\times q)$ 经过超分辨率重建获得一个高分辨率图像 $f(sp\times sq)$，由它再进行因子为 $1/s$ 的插值就会得到图像 $g'(p\times q)$。为了使 g' 与 g 有较小的误差，这里用原始的低分辨率图像对重建图像进行修正，从而得到视觉效果较好的高分辨率图像。

设 f^* 是采用方程（5-30）对原始低分辨率图像 g 进行超分辨率重建的结果，则它可以写为

$$f^* = f_L^H g \tag{5-31}$$

式中，g 为输入图像；f_L^H 为由方程（5-30）实现的图像插值函数。

f_H^L 是 f_L^H 的对偶算子，它是 f_L^H 的逆过程，由此可导出等强度线重构方法为

$$\begin{cases} f' = f_H^L f^* \\ v = g - f' \\ \hat{f} = f^* + f_L^H v \end{cases} \tag{5-32}$$

即

$$\hat{f} = f^* + f_L^H (g - f_H^L f^*) \tag{5-33}$$

方法描述如下：

1）对输入图像 g，运用方程（5-31）得到放大 s 倍的插值输出图像 f^*。

2）运用传统的双线性图像缩放方法对 f^* 缩小 $1/s$，得到 f'。

3）在低分辨率网格上计算超分辨率重建误差 v。

4）由低分辨率网格上的误差计算高分辨率网格上的误差 $f_L^H v$。

5）由高分辨率网格上的误差修正 f^* 得到边缘增强的超分辨率重建结果 $\hat{f}$。

5.1.4　实验结果

这里用方程（5-33）对人工合成图像（三角形图像）、纹理图像（分辨率检测图像）、自然图像（摄影者图像、房子图像、辣椒图像、船图像）进行超分辨

率重建，来说明提出方法的有效性。同时，以 ABI[2]、NEDI、EGI 及 NDAS[1]的实验结果作为对比。首先从实验的视觉效果说明本节方法的有效性，然后采用灰度剖面图、PSNR 进一步说明本节方法的可靠性。

1. 视觉效果

图 5.6 和图 5.7 所示为五种方法对原始图像放大 16 倍后的结果。从图 5.6（a）中可以看出，ABI 方法虽然产生了清晰的三角形边缘，但是边缘的锯齿形状非常明显。这是由于 ABI 插值函数不考虑沿梯度正交方向的图像信息，因此不能保证图像等强度线的连续性，也就不能产生光滑的图像轮廓。在分辨率检测图像实验中，图 5.7 中的 ABI 方法产生的边缘比其他超分辨率重建方法产生的边缘更锐化，视觉上更清晰。这说明 ABI 方法很好地利用了梯度方向的图像信息（分辨率检测图像的边缘是直边缘）。该实验很好地说明了 ABI 插值函数有效地利用了梯度方向的图像信息，而没有考虑梯度正交方向上的图像信息，与理论分析是一致的。

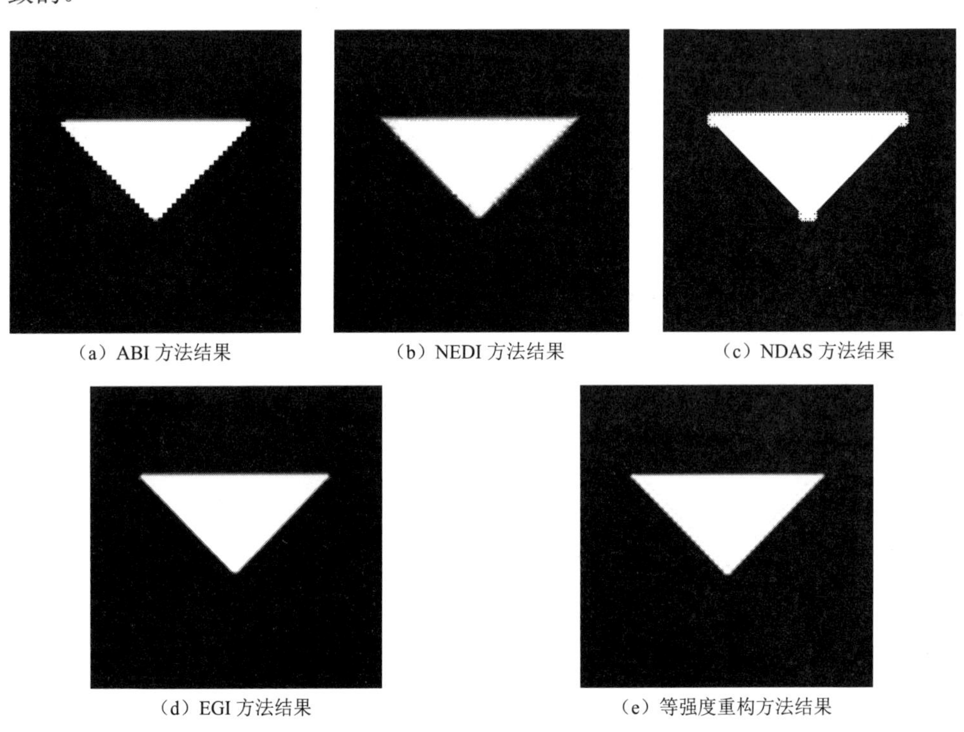

（a）ABI 方法结果　（b）NEDI 方法结果　（c）NDAS 方法结果

（d）EGI 方法结果　（e）等强度重构方法结果

图 5.6　五种方法对原始图像放大 16 倍后的结果（一）

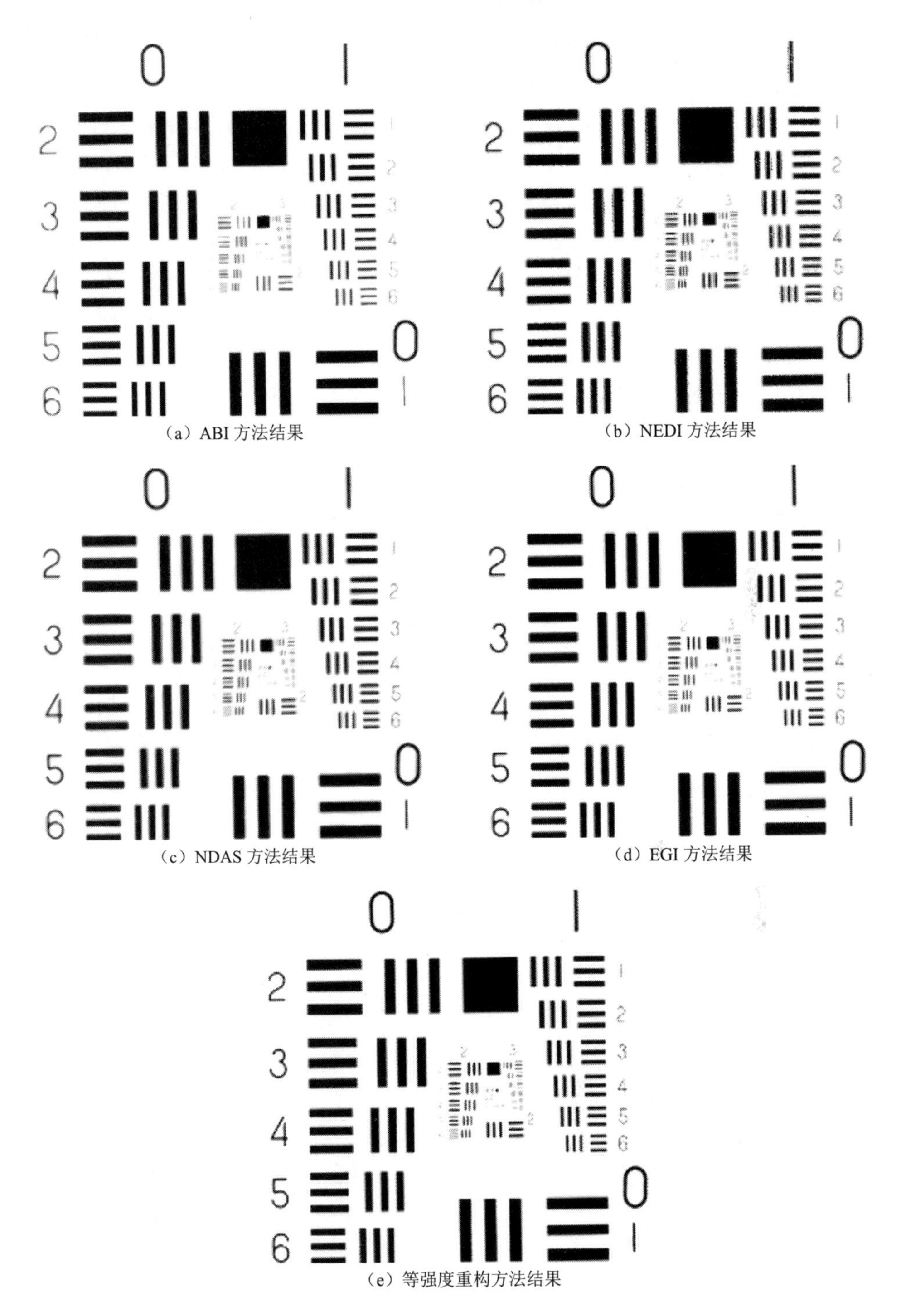

（a）ABI 方法结果

（b）NEDI 方法结果

（c）NDAS 方法结果

（d）EGI 方法结果

（e）等强度重构方法结果

图 5.7　五种方法对原始图像放大 16 倍后的结果（二）

在 NEDI 方法中，三角形的边缘锯齿现象得到了较好的消除，但是在三角形的边缘及条纹边缘处产生了一些不规则的毛刺［图 5.6（b）和图 5.7（b）］。这是由 NEDI 方法用低分辨率图像中窗口的统计信息估计相应高分辨率窗口的统计信息造成的。当低分辨率窗口的统计信息计算不准确或估计的高分辨率统计信息不准确时，都会导致重建图像的失真，而且在哪个位置出现统计误差是没有规律的，使得产生的毛刺也不规则。

在 5.1.1 小节已经介绍过 NDAS 依赖于梯度方向的估计。当梯度方向变化缓慢时，利用 5.1 节的方法会得到较好的梯度方向；当梯度方向变化剧烈时，就会产生较大的误差。从图 5.6（c）和图 5.7（c）中可以看出，在三角形的三边、条纹等梯度方向变化缓慢处，NDAS 方法能够产生光滑的图像边缘；而在图 5.6（c）的三角形的三个角处产生了严重失真。

如图 5.6（d）和图 5.7（d）所示，EGI 方法能够产生视觉效果较好的重建图像，重建图像的边缘光滑且清晰。但是，只能以 2^n（n 为整数）进行超分辨率重建是 EGI 方法的一个明显的缺陷。

等强度重构方法充分利用了梯度正交方向上的图像信息，因而能够产生光滑的图像边缘，如图 5.6（e）和图 5.7（e）所示；同时，它又充分考虑到梯度方向上的图像信息，从而产生较锐化的图像边缘。在图 5.6 中，等强度重构方法产生的边缘仅次于 EGI 方法，而优于其他方法产生的边缘。在图 5.7 中，等强度重构方法与 ABI 方法在条纹的各个角处是最清晰的，而其他方法产生的是模糊的圆角。这是由于等强度重构方法和 ABI 方法都较好地利用了图像梯度方向的信息。另外，在图 5.7（e）中，最小的数字也清晰可见。

2. 重建图像的锯齿现象评价

下面说明等强度重构方法能够沿图像边缘产生光滑的等强度线，从而在重建图像中较好地消除锯齿现象。

用等强度线的曲率来衡量超分辨率重建图像边缘的锯齿程度；用选择平均曲率[5]（selective average curvature，SAC）来测量等强度线的弯曲程度。选择平均曲率是对视觉效果有重要影响的及能够可靠估计的特征点的平均曲率。在这里，图像边缘像素被选作这样的特征点。

表 5.1 和表 5.2 所示为各种方法的 SAC 值，表中 T_{grad} 是梯度门限值，用于检测边缘像素。SAC 值越小，则图像边缘锯齿现象就越弱。从表 5.1 和表 5.2 中可以看出，等强度重构方法具有较小的 SAC 值，从而边缘锯齿现象较弱，这与“1. 视觉效果”中反映的视觉效果是一致的。

表 5.1　不同方法的 SAC 值（T_{grad} =10）

测试图像	不同方法的 SAC 值				
	ABI 方法	NEDI 方法	NDAS 方法	EGI 方法	等强度重构方法
Lena	0.2330	0.3046	0.2436	0.3121	0.2224
摄影者	0.3415	0.4295	0.3396	0.4267	0.3342
辣椒	0.2339	0.3198	0.2513	0.3323	0.2253
房屋	0.2462	0.3261	0.2433	0.3219	0.2370
船	0.3121	0.3913	0.3284	0.4012	0.3016

表 5.2　不同方法的 SAC 值（T_{grad} =15）

测试图像	不同方法的 SAC 值				
	ABI 方法	NEDI 方法	NDAS 方法	EGI 方法	等强度重构方法
Lena	0.1880	0.2587	0.1889	0.2847	0.1793
摄影者	0.3071	0.3421	0.3142	0.4072	0.2881
辣椒	0.2042	0.2902	0.1902	0.3335	0.1886
房屋	0.2063	0.2715	0.1998	0.2896	0.1883
船	0.2530	0.3421	0.2564	0.3739	0.2443

3. 边缘锐化评价

边缘剖面图可以反映超分辨率重建图像边缘陡峭程度，进而在视觉上反映出图像边缘的模糊程度。由此还可以看出原始图像边缘与重建图像边缘的吻合程度。图 5.8 和图 5.9 是原始图像缩小 3/4 后再用各种方法重建的图像与原始图像在某个局部位置处的灰度剖面图，其中横坐标表示像素位置，纵坐标表示灰度值。图 5.8 是在 Lena 图像的帽檐处（第 150 行，96～115 列）各种方法结果的灰度剖面图。从图 5.8 可以看出，ABI 方法和等强度重构方法得到的图像边缘与原始图像边缘吻合得最好，NEDI 和 EGI 方法次之，NDAS 方法插值图像与原始图像在边缘处误差很大。在相同的像素位置处，NEDI、NDAS、EGI 方法产生过大（前 10 个像素位置处）或过小（后 10 个像素位置）的灰度值。等强度重构方法与 ABI 方法一样，都能产生锐化的图像边缘。图 5.9 是 Cameraman 图像中胳膊处（第 81 行，48～62 列）各种方法结果的灰度剖面图。等强度重构方法与 ABI 方法产生的图像边缘与原始图像边缘吻合得最好，而其他三种方法在图像边缘处的像素灰度值的估计过低。放大图像的边缘坡度变缓，进而在视觉上形成模糊的图像边缘。

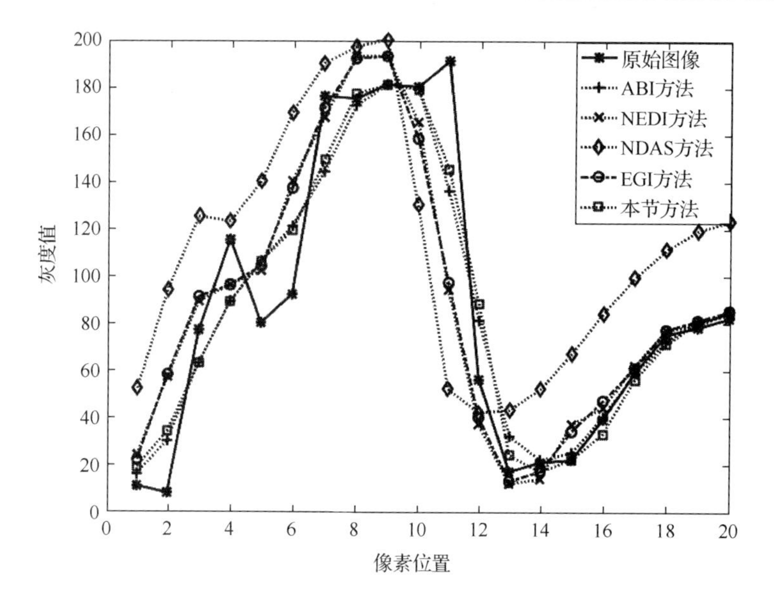

图 5.8　Lena 图像帽檐处的灰度剖面图

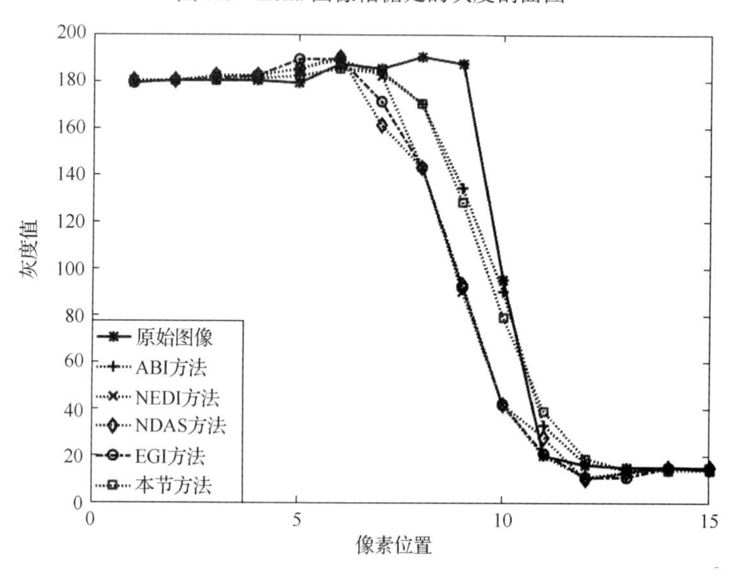

图 5.9　Cameraman 图像胳膊处的灰度剖面图

4. PSNR 性能评价

用 PSNR 值比较各种方法的全局性能。表 5.3 所示为 Lena、摄影者、辣椒、房屋、船图像在各种方法下的 PSNR 值。从表 5.3 中可以看出，等强度重构方法与 ABI 方法具有较高的 PSNR 值，这与前文的分析是一致的。ABI 方法之所以具有较高的 PSNR 值，是因为 ABI 方法产生了锐化的图像边缘。

表 5.3　不同方法的 PSNR 值比较

测试图像	不同方法的 PSNR 值				
	ABI 方法	NEDI 方法	NDAS 方法	EGI 方法	等强度重构方法
Lena	31.6206	26.6295	27.3165	26.3752	28.3294
摄影者	28.0419	24.2955	24.9561	24.1854	25.6071
辣椒	29.5809	25.2672	26.5377	26.8567	26.9170
房屋	29.2351	25.0956	25.9872	25.3703	26.2580
船	29.7679	25.6964	26.3540	25.6895	26.7063

5.2　非局部自适应邻域滤波方法

5.2.1　Taylor 展开式方法

数字图像的边缘可以看作类斜面的剖面，斜坡坡度与边缘的模糊程度成比例。图像边缘的视觉清晰度越高，边缘斜坡坡度越陡，边缘宽度越窄。线性图像插值过程会把原始图像中的边缘宽度放大，使图像边缘斜坡坡度变缓，从而使超分辨率重建结果的边缘在视觉上变得模糊。图 5.10（b）所示为对原始一维信号［图 5.10（a）］线性插值的剖面图——在像素位置 A 和 B 之间插入 C、D 两个像素。从图 5.10（a）中可以看出，线性插值方法仅仅依赖于距离，使得插值图像边缘斜坡变缓，边缘宽度变大，使重建图像的边缘变得模糊。理想的重建结果应使像素 D 的灰度值近似于像素 B 的灰度值，像素 C 的灰度值近似于像素 A 的灰度值，如图 5.10（c）实线所示。可以用一个简单的方法来实现这种近似。如果把图 5.10（a）的一维信号看作一个连续函数，像素 D 的灰度值就可以由像素 B 的灰度值通过函数的 Taylor 展开式近似得到，即

$$g_D \approx g_B + g_B' h + \frac{1}{2} g'' h^2$$

式中，h 为像素 D 到像素 B 的距离。

以上表达式除了依赖于像素间距离外，还依赖于像素梯度与二阶导数信息，能更好地表示像素 D 的灰度值。

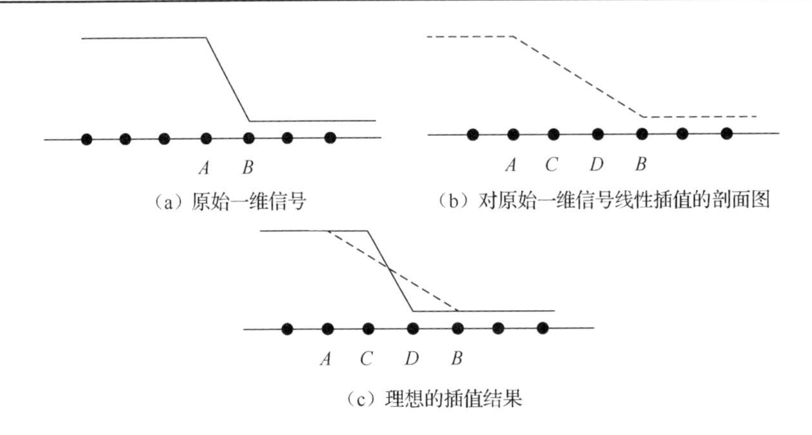

（a）原始一维信号　（b）对原始一维信号线性插值的剖面图

（c）理想的插值结果

图 5.10　一维信号超分辨率重建

对于数字图像来说，也可以采用与一维信号超分辨率重建类似的方法来实现。在图 5.2 中，实心点表示待重建像素，空心点表示原有像素。待重建像素的灰度值 g 可以用 $g_{i,j}$、$g_{i,j+1}$、$g_{i+1,j}$、$g_{i+1,j+1}$ 运用二元函数的 Taylor 展开式获得，如用 $g_{i,j}$ 可表示如下：

$$\begin{aligned} g(x,y) \approx & \, g(i,j) + g_x(i,j)k + g_y(i,j)l \\ & + \frac{1}{2}[g_{xx}(i,j)h^2 + g_{xy}(i,j)kl + g_{yy}(i,j)l^2] \end{aligned} \tag{5-34}$$

这里用 $g_{ij}(x,y)$ 记 g 在像素点 (i,j) 处的 Taylor 展开表达式，$g_x(i,j)$、$g_y(i,j)$ 是 g 在 (i,j) 处的一阶导数，$g_{xx}(i,j)$、$g_{xy}(i,j)$、$g_{yy}(i,j)$ 是 g 在（i,j）处的二阶偏导数。类似地，可以得到在像素 $(i,j+1)$、$(i+1,j)$、$(i+1,j+1)$ 处的 Taylor 展开表达式 $g_{i,j+1}(x,y)$、$g_{i+1,j}(x,y)$、$g_{i+1,j+1}(x,y)$。对这四个不同的表达结果进行双线性加权，得到最终的超分辨率重建表达式：

$$\begin{aligned} g(x,y) = & \, (1-l)[(1-k)g^{i,j}(x,y) + kg^{i+1,j}(x,y)] \\ & + l[(1-k)g^{i,j+1}(x,y) + kg^{i+1,j+1}(x,y)] \end{aligned} \tag{5-35}$$

当然，在上面的公式中也可以引入更复杂的权系数，如文献[2]中的逆梯度权系数。

用方程（5-35）对全彩色 Lena、辣椒、船、花图像进行插值，用实验结果说明提出方法的有效性。以 NDAS、ABI 方法的实验结果与 Taylor 展开方法的实验结果进行整数倍插值实验对比，以 ABI 方法的实验结果与 Taylor 展开方法的实验结果进行非整数倍插值实验对比。首先从实验的视觉效果说明 Taylor 展开方法的有效性，用 PSNR 值说明三种方法的全局性能。

图 5.11 和图 5.12 所示为三种方法对二值三角形图像、花原始图像超分辨率放大 2×2 倍后的结果。从图 5.11 中可以看出 ABI 方法在图像边缘的锯齿现象是比较明显的，而 Taylor 展开方法能有效地抑制图像边缘的锯齿现象，NDAS 方法具有

更好地抑制锯齿现象的能力。Taylor 展开方法虽稍次于 ABI 方法，但简单且可以进行任意倍的图像超分辨率重建，这方面又是优于 ABI 方法的。从图 5.12 中的自然图像超分辨率重建结果也可以看出，ABI 方法在图像边缘产生了明显的锯齿现象，而 Taylor 展开方法较好地抑制了锯齿线性。图 5.13 所示为 ABI 方法与 Taylor 展开方法对 barche 图像 2.6×2.6 倍超分辨率重建的实验结果。从图 5.13 中可以看出，Taylor 展开方法对非整数倍的超分辨率重建也能产生很好的效果。这是由于自适应双线性插值方法中逆梯度加权系数只是锐化了图像边缘，而没有消除边缘锯齿的能力。

（a）NDAS 方法

（b）ABI 方法

（c）Taylor 展开方法

图 5.11　二值图像整数倍重建结果比较（2×2 倍）

（a）NDAS 方法

（b）ABI 方法

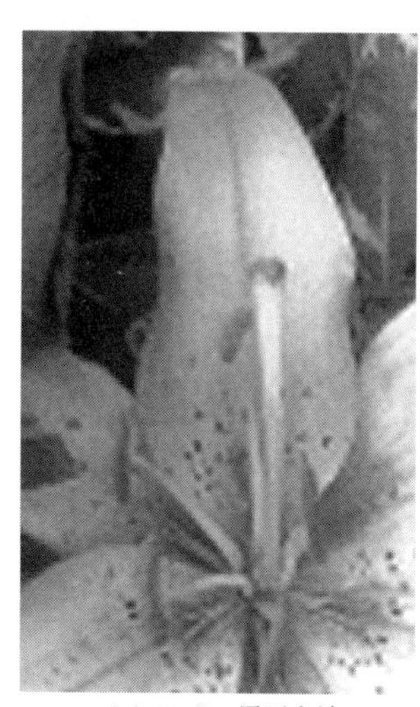
（c）Taylor 展开方法

图 5.12　花图像整数倍重建结果比较（2×2 倍）

（a）ABI 方法

（b）Taylor 展开方法

图 5.13　非整数倍重建结果比较（2.6×2.6 倍）

表 5.4～表 5.6 是三种方法的 PSNR 值的比较。从表 5.4～表 5.6 中可以看出，ABI 与 Taylor 展开方法具有较高的 PSNR 值，与 NDAS 方法相比平均提高了 0.7 分贝。ABI 与 Taylor 展开方法的 PSNR 值差别不大。这与实验结果反映的视觉效果是一致的。

表 5.4　三种方法的 PSNR 值比较（红色通道）

测试图像	不同方法的 PSNR 值（通道 R 的值）		
	NDAS 方法	ABI 方法	Taylor 展开方法
Lena	35.63	36.82	37.03
花	35.17	35.61	35.56
辣椒	35.89	36.82	37.23
船	34.47	34.98	34.79

表 5.5　三种方法的 PSNR 值比较（绿色通道）

测试图像	不同方法的 PSNR 值（通道 G 的值）		
	NDAS 方法	ABI 方法	Taylor 展开方法
Lena	35.08	35.46	35.63
花	34.15	34.87	35.12
辣椒	35.37	36.64	36.77
船	34.27	34.74	35.31

表 5.6　三种方法的 PSNR 值比较（蓝色通道）

测试图像	不同方法的 PSNR 值（通道 B 的值）		
	NDAS 方法	ABI 方法	Taylor 展开方法
Lena	35.46	36.04	36.58
花	33.56	33.82	33.62
辣椒	35.40	36.59	36.90
船	34.62	35.26	35.09

5.2.2　自适应邻域滤波器

把图像 u 看作二维连续函数，则 u 在待重建像素 x 处的灰度值可以用它的邻域像素 y 处的灰度值近似表示如下：

$$u(x)=u(y)+(k,l)\nabla u(y)+\frac{1}{2}(k,l)\boldsymbol{D}u(y)(k,l)^{\mathrm{T}} \tag{5-36}$$

式中，k、l 分别是像素 x 到 y 的水平方向的距离和竖直方向的距离；∇u 、$\boldsymbol{D}u$ 分别为 u 在 y 处的梯度向量和 Hessian 矩阵。

然而，在不连续点、不可微点处的该 Taylor 展开式并不能准确表示这些点的值。图像边缘处的点就是这样的一些点，如果用这些点进行 Taylor 展开会模糊图像边缘，甚至会产生锯齿现象。因此，待重建像素尽量用灰度连续变化方向上的像素 Taylor 展开，减少灰度不连续变化方向上像素点的 Taylor 展开表示的贡献，最好不用这些点的展开式。如图 5.10 所示，待重建像素 D 处用像素 B 的 Taylor 展开，而减小像素 A 的 Taylor 展开的贡献，或不用像素 A 的 Taylor 展开；而待插像素 C 处用像素 A 的 Taylor 展开，而减小像素 B 的 Taylor 展开的贡献，或不用像素 B 的 Taylor 展开。因此，需要设计一个权系数来对待插像素邻域的像素进行选择性的 Taylor 展开，该权函数不仅要考虑像素距离对重建的影响，还要考虑像素灰度差对重建的影响。受双边滤波[6]的启发，在这里选择函数

$$g(x,y)=\mathrm{e}^{-\frac{|u(x)-u(y)|^2}{h^2}}w(|x-y|) \tag{5-37}$$

作为加权函数，其中 w 是实值函数，h 是正常数。方程（5-37）中的指数函数是灰度距离$|u(x)-u(y)|$的函数，而 $w(|x-y|)$是像素距离的函数，即权函数不仅与像素距离有关，也与灰度距离有关。我们将在本小节末对权函数 g 在滤波器中的作用做进一步说明。由此，当待重建像素 x 用灰度连续变化方向上的像素 y Taylor 展开时，由方程（5-37）可得

$$u(x)-\left[u(y)+(k,l)\nabla u(y)+\frac{1}{2}(k,l)\boldsymbol{D}u(y)(k,l)^{\mathrm{T}}\right]\approx 0$$

当待重建像素 x 用灰度不连续变化方向上的像素 y Taylor 展开时，$|u(x)-u(y)|$ 较大，从而 $g\approx 0$。因此，可得

$$0=g(x,y)\left[u(x)-u(y)-(k,l)\nabla u(y)-\frac{1}{2}(k,l)\boldsymbol{D}u(y)(k,l)^{\mathrm{T}}\right] \tag{5-38}$$

这里用等号代替约等于号。方程（5-38）本质上是对待重建像素 x 的邻域像素的 Taylor 展开的一个自适应的选择，选择正确的像素进行 Taylor 展开。这种选

择是强制使方程（5-38）的右端充分接近于 0，从而最大限度地减小沿不连续方向上的 Taylor 展开对重建的贡献。

待重建像素 x 的所有邻域像素的 Taylor 展开式都满足方程（5-38），对它们求和可得图像 u 在点 x 处的超分辨率重建方程：

$$\int_{\Omega}\left[u(x)-u(y)-(k,l)\nabla u(y)-\frac{1}{2}(k,l)\boldsymbol{D}u(y)(k,l)^{\mathrm{T}}\right]g(x,y)\mathrm{d}y=0 \tag{5-39}$$

式中，Ω 为像素 x 的邻域。

通过简单的计算，可得如下邻域滤波器：

$$u(x)=\frac{1}{C}\int_{\Omega}\left[u(y)+(k,l)\nabla u(y)+\frac{1}{2}(k,l)\boldsymbol{D}u(y)(k,l)^{\mathrm{T}}\right]g(x,y)\mathrm{d}y \tag{5-40}$$

其中：

$$C=\int_{\Omega}g(x,y)\mathrm{d}y=\int_{\Omega}\mathrm{e}^{-\frac{|u(x)-u(y)|^2}{h^2}}w(|x-y|)\mathrm{d}y$$

式中，$w(|x-y|)$ 采用如下形式：

$$w(|x-y|)=\mathrm{e}^{-\frac{|x-y|^2}{p^2}}$$

当$|u(x)-u(y)|$较小时，说明像素 y 在像素 x 的连续变化方向上，这时 g 有较大的值，方程（5-40）沿 $x\to y$ 方向的 Taylor 展开，并能比较准确地近似像素 x 的灰度值；当$|u(x)-u(y)|$较大时，说明像素 y 与像素 x 不在图像边缘的同一侧，这时 g 有较小的值，对方程（5-40）贡献很小，从而实现自适应地选择展开方向。

5.2.3　数值仿真结果

在数值计算时，方程（5-39）中的积分域可以只取像素 x 的一个较小的邻域。另外，用像素 y 处的 ∇u 代替$|u(x)-u(y)|$。如图 5.14 所示，待重建像素的灰度值 u 可以沿着 $u_{i,j}$、$u_{i,j+1}$、$u_{i+1,j}$、$u_{i+1,j+1}$ 方向运用二元函数的 Taylor 展开式加权求和获得。例如，沿着 $u_{i,j}$ 方向可表示如下：

$$u^{ij}\approx\left\{u(i,j)+u_x(i,j)k+u_y(i,j)l+\frac{1}{2}\left[u_{xx}(i,j)h^2+2u_{xy}(i,j)kl+u_{yy}(i,j)l^2\right]\right\}$$
$$\times\mathrm{e}^{-\frac{u_x(i,j)^2+u_y(i,j)^2}{h^2}}\mathrm{e}^{-\frac{k^2+l^2}{p^2}} \tag{5-41}$$

这里用 $u^{i,j}$ 记 u 在像素点(i,j)处的 Taylor 展开表达式，$u_x(i,j)$、$u_y(i,j)$是 u 在(i,j)处的一阶导数，$u_{xx}(i,j)$、$u_{xy}(i,j)$、$u_{yy}(i,j)$是 u 在（i,j）处的二阶偏导数。类似地，可以得到在像素（i,j+1）、（i+1,j）、（i+1,j+1）处的 Taylor 展开表达式 $u^{i,j+1}$、$u^{i+1,j}$、

$u^{i+1,j+1}$。对这四个不同的表达结果求和，得到最终的超分辨率重建表达式：

$$u(x)=\frac{1}{C^{il}}(u^{i,j}+u^{i+1,j}+u^{i,j+1}+u^{i+1,j+1}) \tag{5-42}$$

对 2 倍超分辨率重建情况，可以简单地取 $w(|x-y|)\equiv 1$。

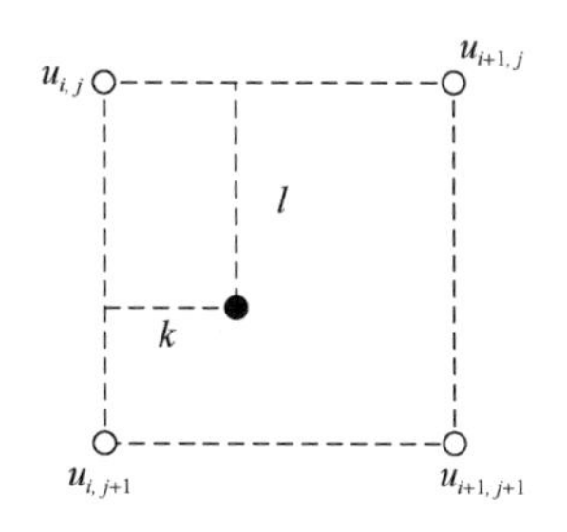

图 5.14　超分辨率重建网格

本小节用方程（5-42）的实验结果说明提出方法的有效性。为了更好地进行比较，将原始大小图像降采样 2 倍，再对降采样图像放大 2 倍。以 NEDI[7]、局部梯度方法（简记为 LGF）[2]、Taylor 展开方法（简记为 TE）[8]的实验结果与本节的邻域滤波（简记为 LB）实验结果进行对比，从实验的视觉效果说明 LB 方法的有效性，用 PSNR 值说明四种方法的全局性能。

图 5.15 所示为四种方法对鹦鹉图像整数倍超分辨率重建结果比较。从图 5.15 中可以看出，TE 方法在图像边缘产生了锯齿和模糊现象，这是由于它是对各个方向的 Taylor 展开式的线性组合，而不是以最优方向上的像素灰度的刻画；LGF 方法的插值图像在鹦鹉眼睛左边的黑色羽毛边缘有些模糊；而 LB 方法能有效地抑制图像边缘的锯齿和模糊现象；NEDI 方法具有更好地抑制锯齿现象的能力。LB 方法虽稍次于 NEDI 方法，但其方法简单且可以进行任意倍的图像超分辨率重建，这方面又是优于 TE 方法的。从图 5.16 中的眼睛图像重建结果也可以看出，NEDI 方法在瞳孔中木条边缘的虚像是比较明显的，TE 在眼睑处出现了一些不应有的斑点。图 5.17 所示为花图像整数倍超分辨率重建结果比较。从图 5.17 中可以看出，在花瓣的边缘处，TE 的边缘模糊现象是可见的。表 5.7 是四种方法的 PSNR 值的比较。从表 5.7 中可以看出，TE 方法具有较高的 PSNR 值，与 NEDI 方法相比平均提高了 0.5 分贝。TE 与 LGF 超分辨率重建方法的 PSNR 值差别不大。这与实验结果反映的视觉效果是一致的。

（a）NEDI 方法　（b）LGF 方法

（c）TE 方法　（d）LB 方法（$h = 0.15, p = 0.5$）

图 5.15　鹦鹉图像整数倍超分辨率重建结果比较

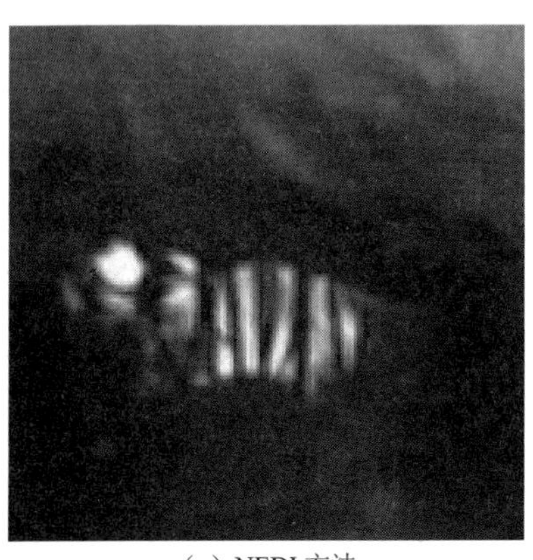

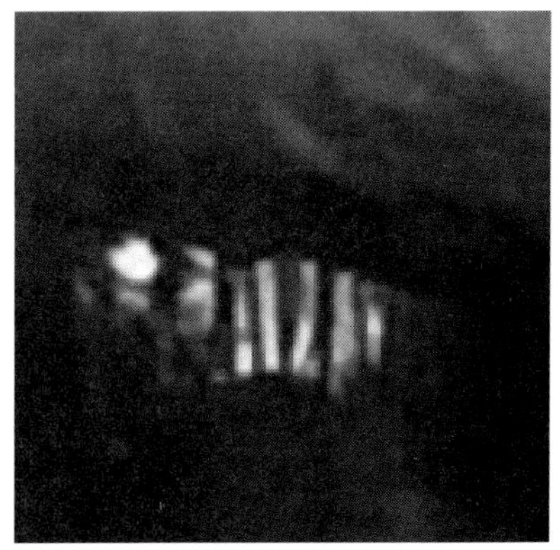

（a）NEDI 方法　（b）LGF 方法

图 5.16　眼睛图像整数倍超分辨率重建结果比较

（c）TE 方法

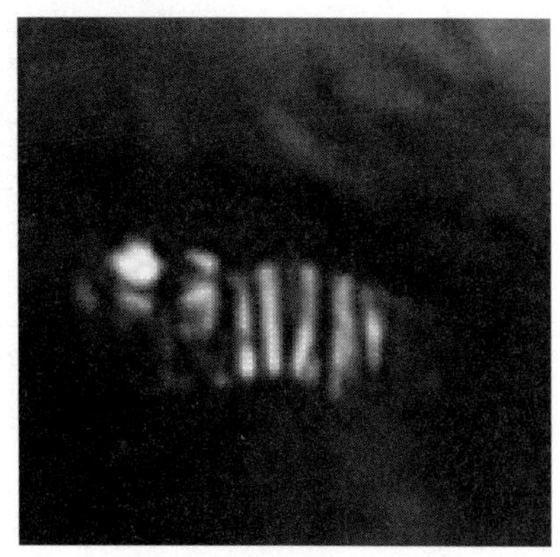

（d）LB 方法（$h=0.2, p=1.2$）

图 5.16（续）

（a）NEDI 方法

（b）LGF 方法

（c）TE 方法

（d）LB 方法（$h=0.15, p=0.8$）

图 5.17 花图像整数倍超分辨率重建结果比较

表 5.7　四种方法的 PSNR 值比较

测试图像	不同方法的 PSNR 值			
	NEDI 方法	LGF 方法	TE 方法	LB 方法
鹦鹉	27.68	27.78	27.80	28.06
花	26.78	27.19	27.05	27.23
辣椒	35.89	36.17	36.15	37.36
船	34.47	34.83	34.79	35.22
眼睛	29.76	29.97	30.07	30.34
蝴蝶	28.36	30.97	31.23	31.89
山魈	22.10	22.47	22.62	23.51

本 章 小 结

本章介绍了一个非迭代等强度线重构、非局部自适应领域滤波图像超分辨率重建函数，既有效地抑制了图像边缘处的锯齿现象，又很好地保持了图像边缘的锐化。这种方法可以把图像放大任意倍，突破了 NEDI、NDAS、EGI 方法只能放大 $2n$ 或 2^n（n 为整数）倍的限制，同时也克服了传统的双线性、双三次方法模糊图像边缘的缺点。虽然 ABI 方法也具有上述优点，但是它会在图像边缘处形成锯齿现象，从而降低图像的视觉效果。另外，这种方法的计算复杂度低、耗时短，具有很强的实用价值。

通过自适应地选择 Taylor 展开式近似表示的方向，获得了一个实现简单的邻域滤波超分辨率重建方法。该方法使图像边缘同侧的待重建像素只用同侧像素的 Taylor 展开式近似加权，异侧像素的 Taylor 展开对重建几乎没有影响，避免了异侧 Taylor 展开的加权平均产生的边缘模糊，减小了图像边缘的宽度，从而获得清晰的图像边缘。自适应邻域滤波方法具有较低的方法复杂度、良好的客观质量和视觉效果，有很强的实际应用价值。

参 考 文 献

[1] JIANG H, MOLONEY C. A new direction adaptive scheme for image interpolation[C]//Proceedings of International Conference on Image Processing, Rochester, 2002（3）: 369-372.

[2] HWANG J W, LEE H S. Adaptive image interpolation based on local gradient features [J]. IEEE Signal Processing Letters , 2004, 11（3）:359-362.

[3] KEYS R G. Cubic convolution interpolation for digital image processing[J]. IEEE Transactions on Acoustics, Speech and Signal Processing, 1981（6）:1153-1160.

[4] CHAN T F, SHEN J. Mathematical models for local nontexture inpaintings[J]. SIAMJ Journal on Applied

Mathematics, 2002（62）: 1019-1043.

[5] WANG Q, WARD R K. A new orientation-adaptive interpolation method[J]. IEEE Transactions on Image Processing, 2007,16（4）:889-900.

[6] TOMASI C, MANDUEHI R. Bilateral filtering for gray and color images[C]//Proceedings of the Sixth International Conference on Computer Vision, Bombay, India, 1998, 839-846.

[7] LI X, ORCHARD M T. New edge directed interpolation[J]. IEEE Transactions on Image Processing, 2001, 10（10）:1521-1527.

[8] 詹毅. 基于泰勒展开式的图像插值方法[J]. 计算机工程, 2012, 38（13）: 202-204.

第6章　总结与展望

偏微分方程图像处理方法的发现是图像处理和分析中的一个新进展。偏微分方程现已应用于图像处理和计算机视觉的许多方面，包括图像插值、图像恢复、图像分割、运动物体跟踪、物体检测、图像量化等，并且取得了很好的效果。用于图像处理的偏微分方程可通过两个方面得到：一是可以从图像处理的变分问题中得出，该方法在图像处理中比较普遍；二是通过演化方程直接推导。图像超分辨率重建是数字图像处理中的一个重要研究领域，在医疗、工业、公安交通、航天航空及民用等方面都有着广泛的应用。图像超分辨率重建的目的是获得视觉效果良好的高分辨率图像；所要解决的主要问题是消除超分辨率重建图像中的锯齿现象、抑制边缘模糊和其他人工虚像，以及研究非迭代的快速插值方法。

本书是作者研究工作的总结，用偏微分方程图像处理理论对上述问题进行了研究和创新，得到了一些新颖的结果。本书主要进行了以下三个方面的工作。

1. 局部正则方面的研究

1）研究了3种保持图像轮廓光滑的约束条件之间的关系。指出局部恒定的梯度角约束条件、等强度线方向的平均像素插值及TV正则化因子是等价的，并说明这些约束条件只能较弱地保持等强度线的连续性。

2）提出了等强度线连续图像插值方法。找出一个梯度角约束条件，它使等强度线具有更强的连续性，由它导出的三阶偏微分方程使插值图像边缘更光滑、清晰。超分辨率重建方程中的正则项的对比不变性也得到论证。

3）提出了双方向扩散图像插值方法。它在图像边缘斜坡较亮一侧进行前向扩散，而在边缘斜坡较暗一侧进行后向扩散；同时，它能根据图像边缘特征自适应地调整前后向扩散强度，从而避免了在插值图像中产生虚的纹理或边缘。

4）通过分析图像插值变分模型的扩散特性定义了一个指数函数，提出了一种结合TV变分和热扩散的变指数变分模型图像插值方法。它使图像能量在随人工时间 t 的演化过程中在图像边缘附近只沿着图像轮廓扩散，以消除图像边缘在插值过程中的振荡，进而获得光滑的边缘。

2. 非局部正则方面的研究

从图像超分辨率重建的变分正则模型出发，研究了非局部 p-Laplace 正则、局部和非局部正则及 Sobolev 梯度双方向流正则模型，得到以下结果。

1）提出的非局部 p-Laplace 正则使图像能量扩散沿着图像特征方向而不是梯度方向进行，克服了经典的热扩散正则以图像梯度方向作为图像能量扩散的方向的局限性。

2）构造了一个包含梯度信息的非局部有界变差（BV）正则项部分，起着各向异性扩散的作用。TV 正则部分在能量扩散中能够有效抑制锯齿现象。

3）构造了一个双方向流能量泛函，减小插值图像的边缘宽度；基于 H^1 内积导出 Sobolev 梯度流，克服了 L^2 梯度流求解过程中需要附加额外光滑条件的缺点。

4）提出了一种非局部的特征方向图像插值方法，有效地保持了插值图像轮廓的光滑，抑制了图像边缘的模糊。这种方法把非局部 Hessian 矩阵的特征向量视为图像特征方向，使图像能量泛函沿该方向进行扩散，其扩散强度由图像局部 Hessian 矩阵特征值参与控制。它克服了传统方法以梯度方向指示图像特征方向的局部性，使图像能量泛函沿正确的方向扩散，避免了对图像特征的模糊。

3. 非迭代快速方法

1）通过一个与灰度距离相关的权函数自适应地选择待重建像素邻域内的 Taylor 展开，提出一个邻域滤波图像超分辨率重建方法，其基本思想是靠近边缘中心一侧的待重建像素，用这一侧的已知像素的 Taylor 展开式近似。

2）提出了非迭代等强度重构图像超分辨率重建方法。它使待重建像素曲率最小，从而保持了等强度线的连续性，进而使重建图像具有光滑的轮廓；同时，这种超分辨率重建方法保持了图像边缘的清晰。另外，该方法能实现任意放大倍数的图像超分辨率重建，因此具有更广泛的应用价值。

由于偏微分方程的内容十分丰富且发展迅速，因此目前所做的工作仍有许多不足之处，一些内容仍需要完善，且还有以下工作有待进一步研究：

1）研究图像特征方向的非局部刻画及非局部模型方向性运动性质。经典的各向异性扩散模型、活动轮廓模型等局部模型使能量泛函沿图像特征方向或与特征方向垂直的方向进行扩散或演化，从而完成增强边缘、消除锯齿现象、获得目标轮廓等图像处理任务，并能实现一定的效果。因此，精确地指示图像特征方向是解决图像插值、分割及图像处理中的其他问题的关键所在。但是，经典的局部模型往往以图像梯度方向作为图像特征方向，而图像梯度具有很强的局部性，并不能准确指示图像的特征方向。在一些模型中使用 Hessian 矩阵刻画图像的特征方向，然而它存在对噪声敏感等问题。非局部模型充分利用了图像像素周围的整个灰度分布状况信息，可以最大限度地复原图像的原有细微结构。然而，现阶段非局部算子如何指示图像特征方向、现存的非局部模型沿着图像特征方向能量如何扩散、水平集如何运动都需要深入探索。因而，建立图像特征方向的非局部刻画，创建具有良好的运动性质的非局部模型，为更好地建立适合图像处理其他任务的变分正则、PDE 正则提供良好的思路，构造基于非局部特征方向的图像超分辨率重建模型是很有必要的。

2）研究非局部的 P-M 各向异性能量扩散模型。基于 PDE 的图像处理技术是通过驱动一个具体的偏微分方程来解决图像处理问题。热扩散方程、Perona-Malik 方程、Navier-Stokes 方程等本身具有鲜明的、直观的物理或几何解释，这种能量扩散、水平集运动的模式便于直观地表达、描述解决图像中的具体问题的思路，因而在图像处理领域做出了重大贡献。然而，以上这些局部模型对光滑区域和图像特征区域采用分别处理的方式（双方向扩散、前后向扩散也是这样一种方式）。研究非局部模型能够充分利用图像自身的空间结构信息，同时处理光滑区域与纹理区域，很好地完成图像处理任务。由此可知，构造适合图像处理的非局部 PDE 形式对非局部模型的研究意义重大。虽然 Gilboa 等提出了非局部曲率算子及 Bougleux 等提出了非局部离散 p-Laplace 算子、p-Dirichlet 算子等，但这些非局部的算子一方面缺乏直观的运动解释，另一方面存在计算复杂性高、权函数选择的优劣没有评判标准、运行时间长等缺陷。因此，引入新的非局部能量扩散模型以有效解决现存的非局部算子缺乏直观运动解释。探索非局部能量扩散模型以更好地服务于图像处理任务是非局部模型研究的又一任务。

3）研究凸与非凸的、非局部模型的高效、快速优化方法。目前对于图像去噪、图像分割等领域的非局部模型的求解主要是 Bregman 方法、SB 方法或它们的改进方法。这些方法对与凸泛函（如 L^1、TV 范数）有关的局部、非局部变分问题求解是很有效的。然而，这些方法的有效性依赖于它的子问题结果的好坏，而且在一定程度上，SB 方法只是提供了基本思路，如何引入中间辅助变量是一个难点问题，针对具体问题也需要精心处理与设计。对于具体的图像处理问题，非局部模型分解出的子问题也需要设计不同的方法来求解。由于每次迭代都需要解一个复杂的变分问题，因此增加了数值计算的难度，也降低了分裂 Bregman 方法的计算速度。最后，我们指出这个对于图像处理中涉及非凸非光滑的非局部泛函也是存在的，这类问题的求解也需要进一步探索。

附　　录

附录 1　方程（3-22）的化简过程

把方程（3-20）代入方程（3-19），并消去可消项，令 $h\to 0$，得

$$f_y^2\theta_{xx}-2f_xf_y\theta_{xy}+f_x^2\theta_{yy}=0$$

把方程（3-21）代入上式，在方程两边同时乘以分母，消去分母，则上式变为

$$\begin{aligned}0=&f_y^2(f_x^3f_{xxy}-f_x^2f_yf_{xxx}+f_xf_y^2f_{xxy}-f_y^3f_{xxx}-2f_x^2f_{xy}f_{xx}-2f_xf_yf_{xy}^2\\&+2f_xf_yf_{xx}^2+2f_y^2f_{xy}f_{xx})-2f_xf_y(f_x^2f_{xy}^2+f_x^3f_{xyy}-f_x^2f_{xx}f_{yy}-f_x^2f_yf_{xxy}\\&+f_y^2f_{xy}^2+f_xf_y^2f_{xyy}-f_y^2f_{xx}f_{yy}-f_y^3f_{xxy}-2f_x^2f_{xy}^2-2f_xf_yf_{xy}f_{yy}\\&+2f_xf_yf_{xx}f_{xy}+2f_y^2f_{xx}f_{yy})+f_x^2(f_x^3f_{yyy}-f_x^2f_yf_{xyy}+f_xf_y^2f_{yyy}-f_y^3f_{xyy}\\&-2f_x^2f_{xy}f_{yy}-2f_xf_yf_{yy}^2+2f_xf_yf_{xy}^2+2f_y^2f_{xy}f_{yy})\end{aligned}$$

展开：

$$\begin{aligned}0=&f_x^3f_y^2f_{xxy}-f_x^2f_y^3f_{xxx}+f_xf_y^4f_{xxy}-f_y^5f_{xxx}-2f_x^2f_y^2f_{xy}f_{xx}-2f_xf_y^3f_{xy}^2\\&+2f_xf_y^3f_{xx}^2+2f_y^4f_{xx}f_{xy}-2f_x^3f_yf_{xy}^2-2f_x^4f_yf_{xyy}+2f_x^3f_yf_{xx}f_{yy}\\&+2f_x^3f_y^2f_{xxy}-2f_xf_y^3f_{xy}^2-2f_x^2f_y^3f_{xyy}+2f_xf_y^3f_{xx}f_{yy}+2f_xf_y^4f_{xxy}\\&+4f_x^3f_yf_{xy}^2+4f_x^2f_y^2f_{xy}f_{yy}-4f_x^2f_y^2f_{xx}f_{xy}-4f_xf_y^3f_{xx}f_{yy}+f_x^5f_{yyy}\\&-f_x^4f_yf_{xyy}+f_x^3f_y^2f_{yyy}-f_x^2f_y^3f_{xyy}-2f_x^4f_{xy}f_{yy}-2f_x^3f_yf_{yy}^2\\&+2f_x^3f_yf_{xy}^2+2f_x^2f_y^2f_{xy}f_{yy}\end{aligned}$$

合并同类项，相消：

$$\begin{aligned}0=&-f_x^2f_y^3f_{xxx}-f_y^5f_{xxx}-4f_xf_y^3f_{xy}^2+2f_xf_y^3f_{xx}^2+2f_y^4f_{xx}f_{xy}-3f_x^4f_yf_{xyy}\\&+2f_x^3f_yf_{xx}f_{yy}+3f_x^3f_y^2f_{xxy}-3f_x^2f_y^3f_{xyy}+3f_xf_y^4f_{xxy}+4f_x^3f_yf_{xy}^2\\&+6f_x^2f_y^2f_{xy}f_{yy}-6f_x^2f_y^2f_{xx}f_{xy}-2f_xf_y^3f_{xx}f_{yy}+f_x^5f_{yyy}+f_x^3f_y^2f_{yyy}\\&-2f_x^4f_{xy}f_{yy}-2f_x^3f_yf_{yy}^2\end{aligned}$$

提取公因式：

$$
\begin{aligned}
0 = & -(f_x^2 f_y^3 + f_y^5) f_{xxx} - (3f_x^2 f_y^3 + 3f_x^4 f_y) f_{xyy} + (3f_x^3 f_y^2 + 3f_x f_y^4) f_{xxy} \\
& + (f_x^3 f_y^2 + f_x^5) f_{yyy} + 6f_x^2 f_y^2 f_{xy}(f_{yy} - f_{xx}) + 2f_x f_y f_{xx} f_{yy}(f_x^2 - f_y^2) \\
& + 4f_x f_y f_{xy}^2 (f_x^2 - f_y^2) + 2f_x f_y (f_y^2 f_{xx}^2 - f_x^2 f_{yy}^2) + 2f_{xy}(f_y^4 f_{xx} - f_x^4 f_{yy}) \\
= & (f_x^2 + f_y^2)(-f_y^3 f_{xxx} - 3f_x^2 f_y f_{xyy} + 3f_x f_y^2 f_{xxy} + f_x^3 f_{yyy}) \\
& + 6f_x^2 f_y^2 f_{xy}(f_{yy} - f_{xx}) + 2f_x f_y (f_x^2 - f_y^2)(f_{xx} f_{yy} + 2f_{xy}^2) \\
& + 2f_x f_y (f_y^2 f_{xx}^2 - f_x^2 f_{yy}^2) + 2f_{xy}(f_y^4 f_{xx} - f_x^4 f_{yy}) \\
= & (f_x^2 + f_y^2)(-f_y^3 f_{xxx} - 3f_x^2 f_y f_{xyy} + 3f_x f_y^2 f_{xxy} + f_x^3 f_{yyy}) \\
& + 6f_x^2 f_y^2 f_{xy}(f_{yy} - f_{xx}) + 2f_x f_y [(f_x^2 - f_y^2)(f_{xx} f_{yy} + 2f_{xy}^2) + f_y^4 f_{xx} - f_x^4 f_{yy}] \\
& + 2f_{xy}(f_y^4 f_{xx} - f_x^4 f_{yy}) \\
= & (f_x^2 + f_y^2)(-f_y^3 f_{xxx} - 3f_x^2 f_y f_{xyy} + 3f_x f_y^2 f_{xxy} + f_x^3 f_{yyy}) \\
& + 2f_x f_y [3f_x f_y f_{xy}(f_{yy} - f_{xx}) + (f_x^2 - f_y^2)(f_{xx} f_{yy} + 2f_{xy}^2) f_y^4 f_{xx} - f_x^4 f_{yy}] \\
& + 2f_{xy}(f_y^4 f_{xx} - f_x^4 f_{yy}) \\
= & (f_x^2 + f_y^2)(-f_y^3 f_{xxx} - 3f_x^2 f_y f_{xyy} + 3f_x f_y^2 f_{xxy} + f_x^3 f_{yyy}) \\
& + 2f_x f_y [-3f_x f_y f_{xy}(f_{xx} - f_{yy}) + 2f_{xy}^2 (f_x^2 - f_y^2) + f_x^2 f_{yy}(f_{xx} - f_{yy}) \\
& + f_y^2 f_{xx}(f_{xx} - f_{yy})] + 2f_{xy}(f_y^4 f_{xx} - f_x^4 f_{yy}) \\
= & (f_x^2 + f_y^2)(-f_y^3 f_{xxx} - 3f_x^2 f_y f_{xyy} + 3f_x f_y^2 f_{xxy} + f_x^3 f_{yyy}) \\
& + 2f_x f_y (f_{xx} - f_{yy})(f_x^2 f_{yy} + f_y^2 f_{xx} - 3f_x f_y f_{xy}) \\
& + 4f_x f_y f_{xy}^2 (f_x^2 - f_y^2) + 2f_{xy}(f_y^4 f_{xx} - f_x^4 f_{yy})
\end{aligned}
$$

即

$$
\begin{aligned}
0 = & (f_x^2 + f_y^2)(-f_y^3 f_{xxx} - 3f_x^2 f_y f_{xyy} + 3f_x f_y^2 f_{xxy} + f_x^3 f_{yyy}) \\
& + 2f_x f_y (f_{xx} - f_{yy})(f_x^2 f_{yy} + f_y^2 f_{xx} - 3f_x f_y f_{xy}) + 4f_x f_y f_{xy}^2 (f_x^2 - f_y^2) \\
& + 2f_{xy}(f_y^4 f_{xx} - f_x^4 f_{yy})
\end{aligned}
$$

化简完毕。

附录 2　方程（3-27）的化简过程

为了方便书写，在该化简过程中略去参数β、γ。略去参数后并不影响整个化简过程的正确性。

把 A 分成两部分来化简，即

$$A=B+C$$
$$B=(f_x^2+f_y^2)\left(-f_y^3f_{xxx}+3f_xf_y^2I_{xxy}-3f_x^2f_yf_{xyy}+f_x^3f_{yyy}\right)$$
$$C=2f_xf_y(f_{xx}-f_{yy})(f_x^2f_{yy}+f_y^2f_{xx}-3f_xf_yf_{xy})$$
$$+4f_xf_yf_{xy}^2(f_x^2-f_y^2)+2f_{xy}(f_y^4f_{xx}-f_x^4f_{yy})$$

这里用 $A_{\varphi(f)}$、$B_{\varphi(f)}$、$C_{\varphi(f)}$ 记算子 A、B、C 作用在 f 的对比变换图像 $\varphi(f)$ 上的表达式。根据复合函数求导法则可得

$$\begin{aligned}B_{\varphi(f)}=&\varphi'^2(f_x^2+f_x^2)\{-\varphi'^3f_y^3(\varphi'''f_x^3+3\varphi''f_xf_{xx}+\varphi'f_{xxx})\\&+3\varphi'^3f_xf_y^2[\varphi'''f_yf_x^2+\varphi''(2f_xf_{xy}+f_yf_{xx})+\varphi'f_{xxy}]\\&-3\varphi'^3f_x^2f_y[\varphi'''f_xf_y^2+\varphi''(2f_xf_{xy}+f_xf_{yy})+\varphi'f_{yyx}]\\&+\varphi'^3f_x^3(\varphi'''f_y^3+3\varphi''f_yf_{yy}+\varphi'f_{yyy})\}\\=&\varphi'^2(f_x^2+f_x^2)\{-\varphi'^3\varphi'''f_x^3f_y^3-3\varphi'^3\varphi''f_xf_y^3f_{xx}-\varphi'^4f_y^3f_{xxx}+3\varphi'^3\varphi'''f_x^3f_y^3\\&+3\varphi'^3\varphi''f_xf_y^2(2f_xf_{xy}+f_yf_{xx})+3\varphi'^4f_xf_y^2f_{xxy}-3\varphi'^3\varphi'''f_x^3f_y^3\\&-3\varphi'^3\varphi''f_x^2f_y(2f_yf_{xy}+f_xf_{yy})-3\varphi'^4f_x^2f_yf_{yyx}+\varphi'^3\varphi'''f_x^3f_y^3+3\varphi'^3\varphi''f_x^3f_yf_{yy}\\&+\varphi'^4f_x^3f_{yyy}\}\\=&\varphi'^6(f_x^2+f_x^2)(-f_y^3f_{xxx}+3f_xf_y^2I_{xxy}-3f_x^2f_yf_{xyy}+f_x^3f_{yyy})\end{aligned}$$

所以，

$$B_{\varphi(f)}=\varphi'^6(f_x^2+f_x^2)(-f_y^3f_{xxx}+3f_xf_y^2I_{xxy}-3f_x^2f_yf_{xyy}+f_x^3f_{yyy})$$

用 $\varphi(f)$ 代替 C 中的 f，然后把 $\varphi(f)$ 的各阶偏导数代入 C 得

$$\begin{aligned}C_{\varphi(f)}=&2\varphi'^2f_xf_y(\varphi''f_x^2+\varphi'f_{xx}-\varphi''f_y^2-\varphi'f_{yy})[\varphi'^2f_x^2(\varphi''f_y^2+\varphi'f_{yy})\\&+\varphi'^2f_y^2(\varphi''f_x^2+\varphi'f_{xx})-3\varphi'^2f_xf_y(\varphi''f_xf_y+\varphi'f_{xy})]\\&+4\varphi'^2f_xf_y(\varphi''f_xf_y+\varphi'f_{xy})^2(\varphi'^2f_x^2-\varphi'^2f_y^2)\\&+2(\varphi''f_xf_y+\varphi'f_{xy})[\varphi'^4f_y^4(\varphi''f_x^2+\varphi'f_{xx})-\varphi'^4f_x^4(\varphi''f_y^2+\varphi'f_{yy})]\\=&2\varphi'^2f_xf_y[\varphi'(f_{xx}-f_{yy})+\varphi''(f_x^2-f_y^2)][\varphi'^3f_x^2f_{yy}+\varphi'^3f_y^2f_{xx}\\&-3\varphi'^3f_xf_yf_{xy}-\varphi'^2\varphi''f_x^2f_y^2]+4\varphi'^4f_xf_y[\varphi'^2f_{xy}^2+2\varphi'\varphi''f_xf_yf_{xy}\\&+\varphi''^2f_x^2f_y^2](f_x^2-f_y^2)+2(\varphi''f_xf_y+\varphi'f_{xy})[\varphi'^5f_y^4f_{xx}-\varphi'^5f_x^4f_{yy}\\&-\varphi'^4\varphi''f_x^4f_y^2+\varphi'^4\varphi''f_y^4f_x^2]\end{aligned}$$

$$
\begin{aligned}
&=\varphi'^6[2f_xf_y(f_{xx}-f_{yy})(f_x^2f_{yy}+f_y^2f_{xx}-3f_xf_yf_{xy})+4f_xf_yf_{xy}^2(f_x^2-f_y^2)\\
&\quad+2f_{xy}(f_y^4f_{xx}-f_x^4f_{yy})]+2\varphi'^2f_xf_y\varphi''(f_x^2-f_y^2)(\varphi'^3f_x^2f_{yy}+\varphi'^3f_y^2f_{xx}\\
&\quad-3\varphi'^3f_xf_yf_{xy})-2\varphi'^3f_xf_y(f_{xx}-f_{yy})\varphi'^2\varphi''f_x^2f_y^2\\
&\quad-2\varphi'^2f_xf_y\varphi''(f_x^2-f_y^2)\varphi'^2\varphi''f_x^2f_y^2+4\varphi'^4f_xf_y(2\varphi'\varphi''f_xf_yf_{xy}\\
&\quad+\varphi''^2f_x^2f_y^2)(f_x^2-f_y^2)+2\varphi'f_{xy}(-\varphi'^4\varphi''f_x^4f_y^2+\varphi'^4\varphi''f_y^4f_x^2)\\
&\quad+2\varphi''f_xf_y(\varphi'^5f_y^4f_{xx}-\varphi'^5f_x^4f_{yy})
\end{aligned}
$$

上式除第一项外都可相消，计算如下：

$$
\begin{aligned}
&2\varphi'^2f_xf_y\varphi''(f_x^2-f_y^2)(\varphi'^3f_x^2f_{yy}+\varphi'^3f_y^2f_{xx}-3\varphi'^3f_xf_yf_{xy})\\
&\quad-2\varphi'^3f_xf_y(f_{xx}-f_{yy})\varphi'^2\varphi''f_x^2f_y^2-2\varphi'^2f_xf_y\varphi''(f_x^2-f_y^2)\varphi'^2\varphi''f_x^2f_y^2\\
&\quad+4\varphi'^4f_xf_y(2\varphi'\varphi''f_xf_yf_{xy}+\varphi''^2f_x^2f_y^2)(f_x^2-f_y^2)+2\varphi'f_{xy}(-\varphi'^4\varphi''f_x^4f_y^2\\
&\quad+\varphi'^4\varphi''f_y^4f_x^2)+2\varphi''f_xf_y(\varphi'^5f_y^4f_{xx}-\varphi'^5f_x^4f_{yy})\\
&=(f_x^2-f_y^2)(2\varphi'^5\varphi''f_x^3f_yf_{yy}+2\varphi'^5\varphi''f_xf_y^3f_{xx}-6\varphi'^5\varphi''f_x^2f_y^2f_{xy}\\
&\quad-2\varphi'^4\varphi''^2f_x^3f_y^3+8\varphi'^5\varphi''f_x^2f_y^2f_{xy}+4\varphi'^4\varphi''^2f_x^3f_y^3-2\varphi'^4\varphi''^2f_x^3f_y^3)\\
&\quad-2\varphi'^5\varphi''(f_{xx}-f_{yy})f_x^3f_y^3+2\varphi'^5\varphi''f_{xy}(-f_x^4f_y^2+f_y^4f_x^2)\\
&\quad+2\varphi'^5\varphi''f_xf_y(f_y^4f_{xx}-f_x^4f_{yy})\\
&=(f_x^2-f_y^2)(2\varphi'^5\varphi''f_x^3f_yf_{yy}+2\varphi'^5\varphi''f_xf_y^3f_{xx}+2\varphi'^5\varphi''f_x^2f_y^2f_{xy})\\
&\quad-2\varphi'^5\varphi''(f_{xx}-f_{yy})f_x^3f_y^3+2\varphi'^5\varphi''f_x^2f_y^2f_{xy}(f_y^2-f_x^2)\\
&\quad+2\varphi'^5\varphi''f_xf_y(f_y^4f_{xx}-f_x^4f_{yy})\\
&=(f_x^2-f_y^2)(2\varphi'^5\varphi''f_x^3f_yf_{yy}+2\varphi'^5\varphi''f_xf_y^3f_{xx}+2\varphi'^5\varphi''f_x^2f_y^2f_{xy})\\
&\quad-2\varphi'^5\varphi''(f_{xx}-f_{yy})f_x^3f_y^3+2\varphi'^5\varphi''f_x^2f_y^2f_{xy}(f_y^2-f_x^2)\\
&\quad+2\varphi'^5\varphi''f_xf_y[f_y^2(f_y^2-f_x^2+f_x^2)f_{xx}-f_x^2(f_x^2-f_y^2+f_y^2)f_{yy}]\\
&=(f_x^2-f_y^2)(2\varphi'^5\varphi''f_x^3f_yf_{yy}+2\varphi'^5\varphi''f_xf_y^3f_{xx}+2\varphi'^5\varphi''f_x^2f_y^2f_{xy})\\
&\quad-2\varphi'^5\varphi''(f_{xx}-f_{yy})f_x^3f_y^3-2\varphi'^5\varphi''f_x^2f_y^2f_{xy}(f_x^2-f_y^2)\\
&\quad-2\varphi'^5\varphi''f_xf_y^3f_{xx}(f_x^2-f_y^2)+2\varphi'^5\varphi''f_x^3f_y^3f_{xx}-2\varphi'^5\varphi''f_x^3f_yf_{yy}(f_x^2-f_y^2)\\
&\quad+2\varphi'^5\varphi''f_x^3f_y^3f_{yy}\\
&=0
\end{aligned}
$$

因此

$$
\begin{aligned}
C_{\varphi(f)}=\varphi'^6[&2f_xf_y(f_{xx}-f_{yy})(f_x^2f_{yy}+f_y^2f_{xx}-3f_xf_yf_{xy})+4f_xf_yf_{xy}^2(f_x^2-f_y^2)\\
&+2f_{xy}(f_y^4f_{xx}-f_x^4f_{yy})]
\end{aligned}
$$

则

$$\frac{A_{\varphi(f)}}{(\varphi'^2)^{5/2}(f_x^2+f_x^2)^{5/2}}=\frac{B_{\varphi(f)}+C_{\varphi(f)}}{(\varphi'^2)^{5/2}(f_x^2+f_x^2)^{5/2}}=|\varphi'|\frac{A}{(f_x^2+f_x^2)^{5/2}}$$

对于方程（3-27）的其余部分的化简，只需用$\varphi(f)$直接代替式中的f立得。化简完毕。

附录3　变分原理和梯度下降法

1. 偏微分方程的基本概念

函数$u(x,y,\cdots)$的偏微分方程是指函数u与其偏导数$u_x,u_y,u_{xx},u_{yy},u_{xy},\cdots$的一个数学关系式，记为：

$$F(x,y,u,u_x,u_y,u_{xx},u_{yy},u_{xy},\cdots)=0$$

如果偏微分方程中的所有未知函数及其导数之间的关系是线性的，且其系数仅与自变量有关，则称该方程是线性的。如果偏微分方程对未知函数的最高阶导数来说是线性的，则称该方程是拟线性的。

二阶偏微分方程通常分为三类：椭圆型、抛物型和双曲型，如下所示。

泊松方程：$$\frac{\partial^2 u}{\partial x^2}+\frac{\partial^2 u}{\partial y^2}=f(x,y)$$（椭圆型）

热传导方程：$$\frac{\partial u}{\partial t}=\frac{\partial^2 u}{\partial x^2}+\frac{\partial^2 u}{\partial y^2}$$（抛物型）

波方程：$$\frac{\partial^2 u}{\partial t^2}=\frac{\partial^2 u}{\partial x^2}$$（双曲型）

当$f(x,y)=0$时，泊松方程为Laplace方程。热传导方程是经典的线性热流且各向同性扩散。Laplace 方程和热传导方程广泛应用于数字图像处理。热传导方程和波方程的求解问题是初始值（initial-value）问题，或称为柯西（Cauchy）问题，泊松方程的求解问题是边界值（boundary-value）问题。

初始条件和边界条件是根据特定物理问题的要求提出来的。在具有独立时间变量t的偏微分方程中，初始条件给出了因变量u（x, t）在特定时间$t=t_0$或$t=0$的物理状态。一般情况下，给出初始条件$u(x, 0)$或同时给出初始条件$u(x, 0)$和边界条件$u_t(x, t)$就可以决定函数$u(x, t)$在以后时间的变化。这类条件称为初始条件或柯西条件。它常是唯一解存在的必要条件和充分条件。根据初始条件求解偏微分方程解的问题即为初始值问题。

实际上，很多物理问题就是在给定空间中的区域D及其边界∂D上求偏微分方程的解。边界并不一定要求是闭合的有限面积和体积的区域，部分边界可以是无穷远的。当然，在这种情况下必须给定无穷远处的边界条件。这类问题称为边界值问题。在物理问题中有三类常见的边界条件。

1）Dirichlet 条件：在区域 D 的边界 ∂D 上每个点给定 u 的值，求在区域 D 上偏微分方程的解称为 Dirichlet 边界值问题。

2）Neumann 条件：在区域 D 的边界 ∂D 上每个点给定法向导数 $\frac{\partial u}{\partial n}$ 的值，对应的偏微分方程求解问题称为 Neumann 边界值问题。

3）Robin 条件：边界 ∂D 的每个点给定 $\left(\frac{\partial u}{\partial n}+au\right)$ 的值，对应的问题称为 Robin 边界值问题。

在指定区域中给出初始条件和/或边界条件（或其他补充条件），可能满足如下的性质。

1）存在性：这个偏微分方程至少存在一个解。

2）唯一性：偏微分方程最多存在一个解。

3）稳定性：解必须稳定，就是说，给定条件中的数据发生微小变化，其相应解的变化必须保持在允许的范围内。稳定性指标是求解物理问题的一个基本要求。

2. 变分法

变分法的发展和力学、物力学等学科有很密切的关系。所谓变分问题，就是在一个函数集合中求泛函的极小值或者极大值的问题。下面给出变分问题的一个必要条件——Euler 方程。

先讨论最简单的一维变分问题。考虑函数集合

$$K=\{u\mid u\in C^{1}[a,b],\quad u(a)=u_{a},\quad u(b)=u_{b}\}$$

这是一个两端固定的光滑曲线的函数集合，其中 u_a 和 u_b 是确定的数。考虑与 u 和 u' 有关的泛函

$$E(u)=\int_{a}^{b}F(x,u,u')\mathrm{d}x \tag{附 3-1}$$

式中，F 为对各自变量的偏导数均连续的函数。下面求泛函 $E(u)$ 的极小值。

设 u 是变分问题的解，则 $u\in K$。对一切 $v\in C_{0}^{1}[a,b]$，且 $v(a)=v(b)=0$，对于任意实数 $\alpha\in R$，有 $u+\alpha v\in K$。因为 u 是使得 $E(u)$ 达到极小的函数，所以有

$$E(u)\leqslant E(u+\alpha v),\qquad \forall\alpha\in R \tag{附 3-2}$$

把 $E(u+\alpha v)$ 看成关于 α 的一元函数，记

$$\phi(\alpha)=E(u+\alpha v)=\int_a^b F(x,u(x)+\alpha v(x),u'(x)+\alpha v'(x))\mathrm{d}x$$

函数 $\phi(\alpha)$ 在 $\alpha=0$ 处的一阶导数值为泛函 E 的一阶变分，记为 δE。如果进一步假设 $u\in C^2(a,b)$，有

$$\delta E=\left.\frac{\mathrm{d}\phi}{\mathrm{d}\alpha}\right|_{\alpha=0}=\int_a^b\left[\frac{\partial F(x,u,u')}{\partial u}v+\frac{\partial F(x,u,u')}{\partial u'}v'\right]\mathrm{d}x$$

由式（附 3-2）可以推出 $\phi(0)\leqslant\phi(\alpha),\forall\alpha\in R$。也就是说，$\phi(\alpha)$ 在 $\alpha=0$ 处达到极小。根据一元函数极值的必要条件，有

$$\int_a^b\left[\frac{\partial F}{\partial u}v+\frac{\partial F}{\partial u'}v'\right]\mathrm{d}x=0,\qquad \forall v\in C_0^1[a,b]$$

积分式中第二项经过分部积分，可以得到

$$\begin{aligned}\int_a^b\left(\frac{\partial F}{\partial u}v+\frac{\partial F}{\partial u'}v'\right)\mathrm{d}x&=\int_a^b\frac{\partial F}{\partial u}v\mathrm{d}x+\int_a^b\frac{\partial F}{\partial u'}\mathrm{d}v\\&=\int_a^b\left[\frac{\partial F}{\partial u}v-\frac{\mathrm{d}}{\mathrm{d}x}\left(\frac{\partial F}{\partial u'}\right)v\right]\mathrm{d}x+\left.v\frac{\partial F}{\partial u'}\right|_a^b=0\end{aligned}$$

并注意到 $v(a)=v(b)=0$，则

$$\int_a^b\left[\frac{\partial F}{\partial u}-\frac{\mathrm{d}}{\mathrm{d}x}\left(\frac{\partial F}{\partial u'}\right)\right]v\mathrm{d}x=0$$

根据变分法的基本引理，得到

$$\frac{\partial F}{\partial u}-\frac{\mathrm{d}}{\mathrm{d}x}\left(\frac{\partial F}{\partial u'}\right)=0$$

这就是函数 u 在集合 K 内使泛函 $E(u)$ 达到最小的必要条件，通常称为 Euler 方程。记

$$E'(u)=\frac{\partial F}{\partial u}-\frac{\mathrm{d}}{\mathrm{d}x}\left(\frac{\partial F}{\partial u'}\right)$$

能量泛函式（附 3-1）的 Euler 方程为

$$E'(u)=0$$

对于二维的情况，设函数 $u(x,y):\Omega\in R^2\to R$，其能量泛函 $E(u)$ 为

$$E(u)=\iint_\Omega F(x,y,u,u_x,u_y,u_{xx},u_{yy})\mathrm{d}x\mathrm{d}y$$

得到 Euler-Lagrange 方程

$$\frac{\partial F}{\partial u}-\frac{\mathrm{d}}{\mathrm{d}x}\left(\frac{\partial F}{\partial u_x}\right)-\frac{\mathrm{d}}{\mathrm{d}y}\left(\frac{\partial F}{\partial u_y}\right)+\frac{\mathrm{d}^2}{\mathrm{d}x^2}\left(\frac{\partial F}{\partial u_{xx}}\right)+\frac{\mathrm{d}^2}{\mathrm{d}y^2}\left(\frac{\partial F}{\partial u_{yy}}\right)=0 \tag{附 3-3}$$

若式（附 3-3）中的 F 是如下形式

$$F=\rho\left(|\nabla u|\right)$$

这里 $\rho(s):R\to R$，∇u 表示 u 的梯度，$|\cdot|$ 是梯度模运算。F 可以详细地写成

$$F=\rho\left[\left(\frac{\partial u}{\partial x}\right)^2+\left(\frac{\partial u}{\partial y}\right)^2\right]^{1/2}$$

易知，$\dfrac{\partial F}{\partial u}=0$，$\dfrac{\partial F}{\partial u_{xx}}=\dfrac{\partial F}{\partial u_{yy}}=0$，从而由式（附 3-3）得

$$\begin{aligned}-E'(u)&=\frac{\mathrm{d}}{\mathrm{d}x}\left(\frac{\partial F}{\partial u_x}\right)+\frac{\mathrm{d}}{\mathrm{d}x}\left(\frac{\partial F}{\partial u_y}\right)\\&=\frac{\mathrm{d}}{\mathrm{d}x}\left[\rho'\left(|\nabla u|\right)\frac{u_x}{|\nabla u|}\right]+\frac{\mathrm{d}}{\mathrm{d}y}\left[\rho'\left(|\nabla u|\right)\frac{u_y}{|\nabla u|}\right]\\&=\mathrm{div}\left[\rho'\left(|\nabla u|\right)\frac{\nabla u}{|\nabla u|}\right]\end{aligned}$$

进一步假设 $\rho(s)=s^2$，那么 $\rho'=2s$，则能量泛函式（附 3-3）的 Euler 方程为

$$\mathrm{div}(\nabla u)=0$$

即

$$\Delta u=0$$

其中，Δ 是 Laplace 算子。

在求能量泛函的极值问题中，某些情况下 u 除了要使能量泛函 $E(u)$达到极值，同时还需要满足某种条件。比如，函数 u 的平均值要满足

$$\frac{1}{|\Omega|}\int_\Omega u\mathrm{d}x=\alpha$$

式中，α 是一个给定的常数。这时，可以引入拉格朗日乘子（Lagrange multiplier）λ，构造新的能量泛函

$$\hat{E}=E+\lambda\left(\frac{1}{\Omega}\int_{\Omega}u\mathrm{d}x-\alpha\right)$$

这样，就可以用前面的方法求解 $\hat{E}$，其中拉格朗日乘子 λ 和 α 都是常数。

3. 梯度下降法

在获得 Euler 方程之后，如何求解函数 u？即如何求解方程

$$E'(u)=0$$

对于这类方程，只有在比较简单的情况下，才可能直接得到可析解。但是在图像处理问题中，经过能量泛函推导演化得到的方程，大多数情况下都比较复杂，很难直接求解。为了求得 Euler 方程的解，可以通过梯度下降法，引入时间变量 $t(t\geqslant 0)$，得到函数 u 随着时间动态演化的模型，即构造偏微分方程

$$\begin{cases}\dfrac{\partial u}{\partial t}=E'(u)\\ u(x,0)=u_0(x)\end{cases}\tag{附 3-4}$$

然后求得偏微分方程的数值解。式（附 3-4）中的 $u_0(x)$ 是根据实际情况给定的初始条件。

如果方程的稳定状态可以达到

$$\frac{\partial u}{\partial t}=0$$

那么，即可获得 Euler 方程

$$E'(u)=0$$

的解。对于非凸的能量泛函，其 Euler-Lagrange 方程构造的偏微分方程的解不是唯一的，而且最终的解和初值 u_0 的选取有很大的关系。

4. 数值实现

图像中的内容比较复杂，不易用简单的数学模型描述。因此，用偏微分方程处理图像问题很难得到解析解，一般都求其数值逼近或近似解。常用的偏微分方程数值解方法很多，如有限差分法（finite-difference method）、有限单元法、边界元法等。在图像偏微分方程中，最常用的是有限差分法。

考虑一个初始边界值问题的偏微分方程

$$\begin{cases} \dfrac{\partial v}{\partial t} = \mu \dfrac{\partial v}{\partial x}, & x \in (0,1), t > 0 \\ v(x,0) = f(x), & x \in [0,1] \\ v(0,t) = a(t), \quad v(1,t) = b(t), & t \geqslant 0 \end{cases} \qquad \text{（附 3-5）}$$

式中

$$f(0) = a(0)，且 f(1) = b(0)。$$

下面介绍有限差分法。首先将这个连续偏微分方程转化为离散代数方程。把空间域分成均匀的网格点（或节点）$\Delta x = 1/M$，网格点记为 $x_k, k = 0,1,\cdots,M$，这里 $x_k = k\Delta x$。同样，把时间轴分成均匀的网格点 Δt。偏微分方程数值解就是求这些网格点上解的近似值或逼近值。定义 u_k^n 为网格点 $(k\Delta x, n\Delta t)$ ［或简记为 (k,n)］上的函数值。函数值 u_k^n 为式（附 3-5）在点（k, n）处的解的逼近值。

下面导出式（附 3-5）在这些网格上的逼近表达式：

$$\frac{\partial v}{\partial t}(x,t) = \lim_{\Delta t \to 0} \frac{v(x, t+\Delta t) - v(x,t)}{\Delta t}$$

因此，可以将点（k, n）上的 $\dfrac{\partial v}{\partial t}$ 近似为

$$\frac{u_k^{n+1} - u_k^n}{\Delta t}$$

同样，可以将点（k, n）上的 $\dfrac{\partial^2 v}{\partial x^2}$ 近似为

$$\frac{u_{k+1}^n - 2u_k^n + u_{k-1}^n}{\Delta x^2}$$

这样在点（k, n）上式（附 3-5）近似为

$$\begin{cases} \dfrac{u_k^{n+1} - u_k^n}{\Delta t} = \mu \dfrac{u_{k+1}^n - 2u_k^n + u_{k-1}^n}{\Delta x^2} \\ u_k^0 = f(k\Delta x), & k = 0,\cdots,M \\ u_0^{n+1} = a[(n+1)\Delta t], u_M^{n+1} = b[(n+1)\Delta t], & n = 0,1,\cdots \end{cases} \qquad \text{（附 3-6）}$$

适当选择 Δx 和 Δt，然后解离散化的式（附 3-6），就可以得到式（附 3-5）的逼近解。

由式（附 3-6）能直接得到第（$n+1$）次迭代的函数值，因此称之为显式格式。